科学就是接受并探索未知的事物。

假如世界

假如可以乘电梯去月球

小多科学馆◎编著　　垂　垂◎绘

北京科学技术出版社

图书在版编目（CIP）数据

假如可以乘电梯去月球 / 小多科学馆编著；垂垂绘．—北京：北京科学技术出版社，2022.5
ISBN 978-7-5714-2156-4

Ⅰ．①假…　Ⅱ．①小…②垂…　Ⅲ．①动力学－青少年读物　Ⅳ．①O313-49

中国版本图书馆 CIP 数据核字（2022）第 035266 号

策划编辑：董　明
营销编辑：王　为
责任编辑：吴佳慧
封面设计：马潇阳
图文制作：马潇阳
责任印制：吕　越
出 版 人：曾庆宇
出版发行：北京科学技术出版社
社　　址：北京西直门南大街 16 号
邮政编码：100035
电　　话：0086-10-66135495（总编室）
0086-10-66113227（发行部）
网　　址：www.bkydw.cn
印　　刷：北京宝隆世纪印刷有限公司
开　　本：787 mm × 1092 mm　1/16
字　　数：120 千字
印　　张：7
版　　次：2022 年 5 月第 1 版
印　　次：2022 年 5 月第 1 次印刷
ISBN 978-7-5714-2156-4

定　　价：49.00 元

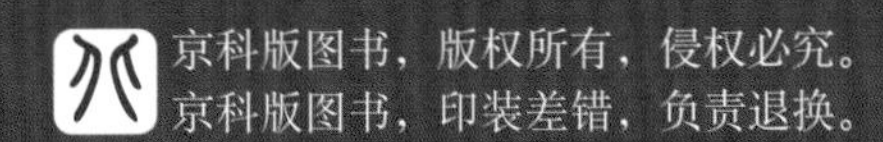

在“假如的世界”，寻找科学的答案！

大数据、云计算、物联网、人工智能……随着科技的飞速发展，世界将变得超乎想象。当生命的终极密码获得破解，意识的本质得以揭晓，人工智能到达技术奇点，人类的命运将被如何改写？

本套书秉持“想象人类的未来”这一核心思路，在科学领域前沿设想的基础上层层展开——提出依据、给出角度、想象未来——带领读者深入解读“假如的世界”，寻找科学的答案。

要知道，科学需要实事求是，科学更需要大胆的想象与创造。

人类在畅想遥远未来的同时，也在通过种种令人叹为观止的科研成果、融合了科学事实与独到见解的理论推测、建立在奇特想象之上的发明和发现，描摹即将到来的世界。即使事实被质疑、理论被推翻，人类仍然不断发问与思考，在提问、否定、探索、进步、创造的过程中，一一化解今日看似不可能解决的难题，并对明日的新挑战翘首以待。接受未知事物并为之探索不止，这就是科学精神，这就是人类智慧。

欢迎进入“假如的世界”，以既有的科学理论预见尚未出现的问题，以非凡的科学想象解读未被定义的事实，踏上探索未来的旅程。

目录

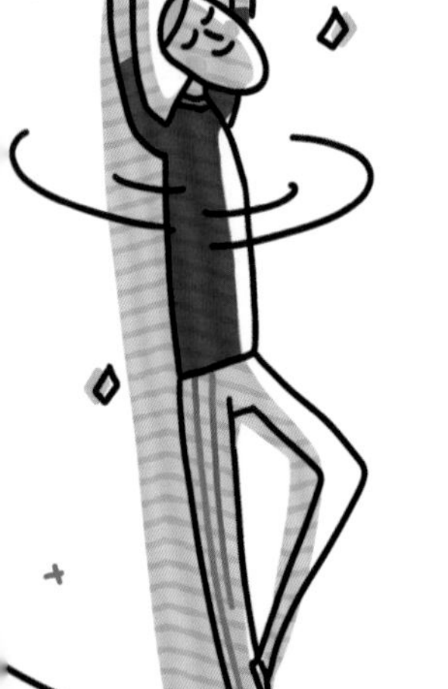

第四章　破空而出

第五章　边界在哪里？

附录

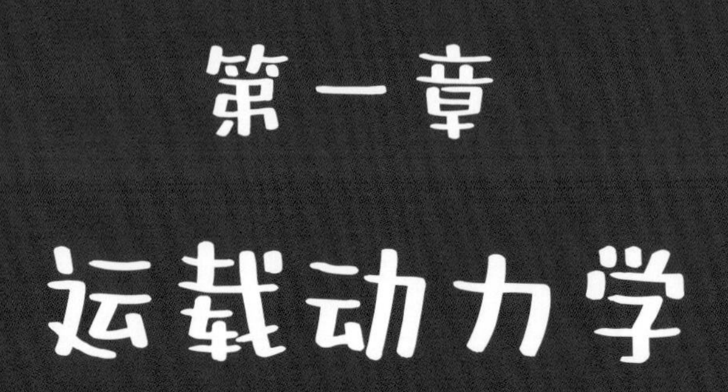

第一章

运载动力学

人类因不停探索而一往直前，

但摆脱束缚奋力前进需要动力。

在“去往未知之地”这一本能的驱动下，

在物质世界运行的基本原理和底层逻辑的推动下，

我们将去更辽阔的地方，

探索和生活。

现在，

换个角度去思考世界运转的原动力，

揭开蕴含其中的科学本质，

满怀期待地见证

运载动力学的开拓！

首先，发动起来吧！

人类一直在研究更新、更好的运载技术以摆脱自身束缚，突破时空极限，去更广阔的地方探索和生活。运载工具不断更新换代，但有些基本原理不变，比如它们都需要从动力源获得动力。了解其中蕴含的科学本质，我们就能从另一个角度来思考人类社会的运行动力。

我们的目标是更高、更快、更远！

燃料—能量—推进装置

运载工具是如何获得动力的呢？以我们今天常见的汽车为例，通常来说，汽车要想行驶，首先要有燃料，如汽油。燃料可以提供能量，能量通过机械装置施加一个力使汽车移动一段距离。发动机就是通过**做功**[1]将燃料提供的能量转化为**机械能**的装置。

就大部分运载工具而言，发动机对某种推进装置（如一组车轮或一个螺旋桨）做功。推进装置会对运载工具的外部环境（如地面）施加力。根据**牛顿第三定律**，这个外部环境也会对运载工具施加一个大小相等、方向相反的力，从而使其以一定的速度运动。至此，燃料提供的能量就转化为物体运动所需的能量。

上述过程概括起来就是：发动机将储存在燃料中的化学能转化为机械能，推进装置对外施力，使运载工具加速并运动。

[1] 书中此类粗体词的解释详见书后附录。——编者注

根据做功的定义，以下四种情景中，哪种不属于人对物体做功？

（答案见附录）

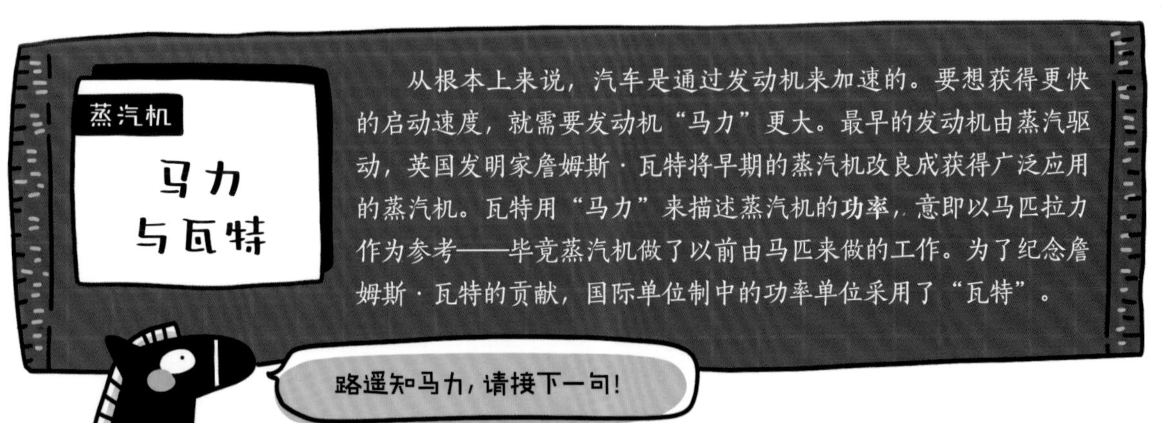

蒸汽机

马力与瓦特

从根本上来说，汽车是通过发动机来加速的。要想获得更快的启动速度，就需要发动机“马力”更大。最早的发动机由蒸汽驱动，英国发明家詹姆斯·瓦特将早期的蒸汽机改良成获得广泛应用的蒸汽机。瓦特用“马力”来描述蒸汽机的功率，意即以马匹拉力作为参考——毕竟蒸汽机做了以前由马匹来做的工作。为了纪念詹姆斯·瓦特的贡献，国际单位制中的功率单位采用了“瓦特”。

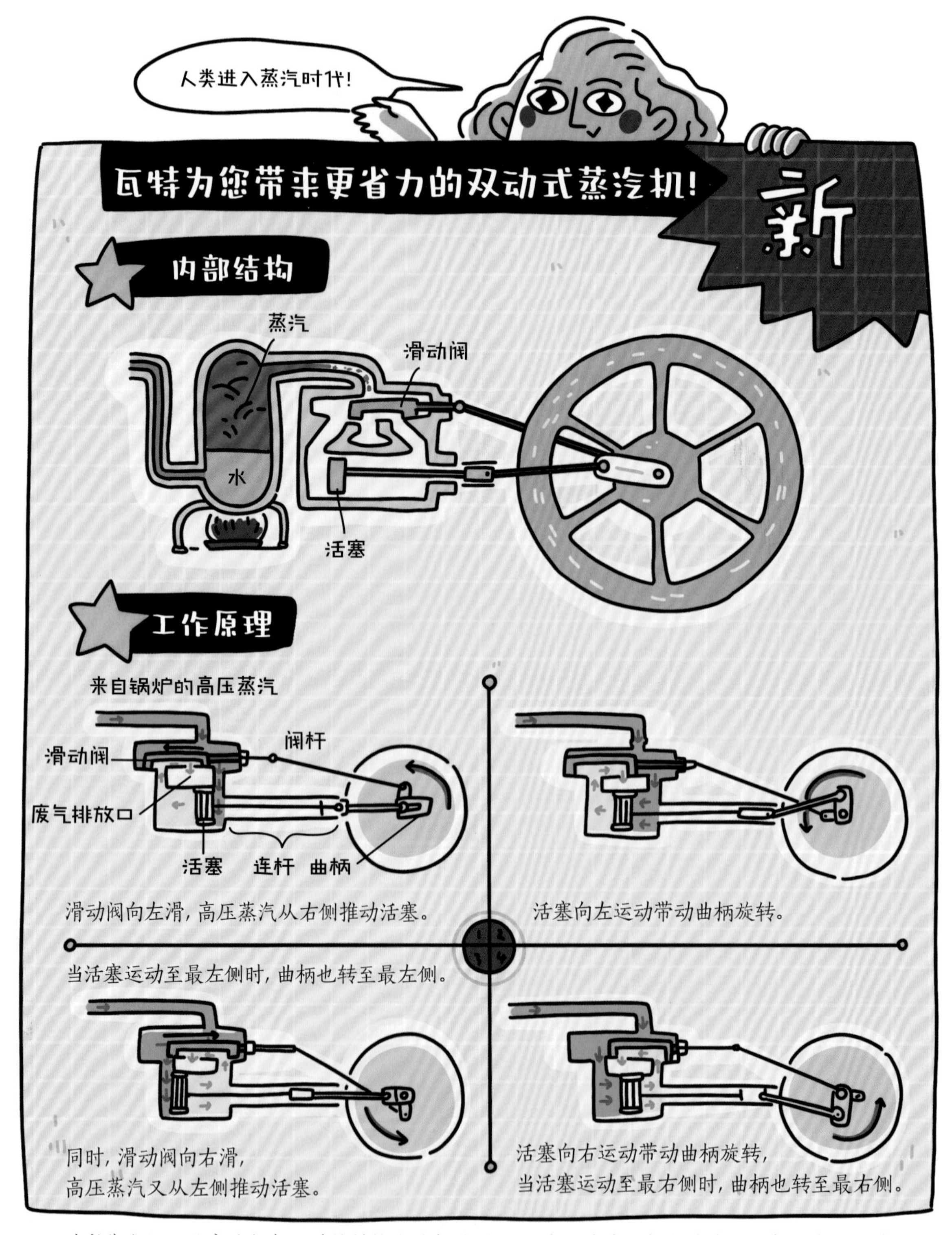

* 双动式蒸汽机：活塞的往复运动被转换为曲柄的圆周运动（滑动阀左右滑动，使高压蒸汽交替作用于活塞两侧，从而驱动活塞）。

• 动力“扭”出来

我们在衡量发动机的输出能力时常常使用“扭矩”这个概念。这是因为大部分运载工具的动力机制都要靠消耗能量、产生压力以使某个物体旋转来实现。在现代汽车的往复活塞式**内燃机**中，压力作用于气缸中的活塞，活塞往复运动推拉连杆，使其连接的曲轴转动——曲轴此时的**力矩**就是扭矩（或转矩），最终驱动汽车行进。

电动车动力源的力矩也作用在一根转轴上，只不过发动机靠的是电动力（通过磁场与电场或磁场与磁场的相互作用完成能量转化）。电动车有很多优点，但面临一大挑战，即蓄能问题——电动车的兴起和发展主要得益于电池技术的进步，而非电动机的更新换代。（现代电力机车和有轨电车工作不需要电池，这是因为它们的电能来自供电轨或接触网。）

• 从发动机到车轮

不论是蒸汽机还是内燃机，其工作原理都在于燃料燃烧提供能量，产生压力，带动机械做功。燃烧产生的热能转化为车辆的动能。汽油车的发动机通常为四冲程往复活塞式内燃机，这意味着活塞以上下往复四个冲程为一个循环运动。一般情况下，一辆汽车的发动机有多个气缸，即有多个活塞，它们接连不断地传递力来转动曲轴，对外做功，并最终带动车轮转动。

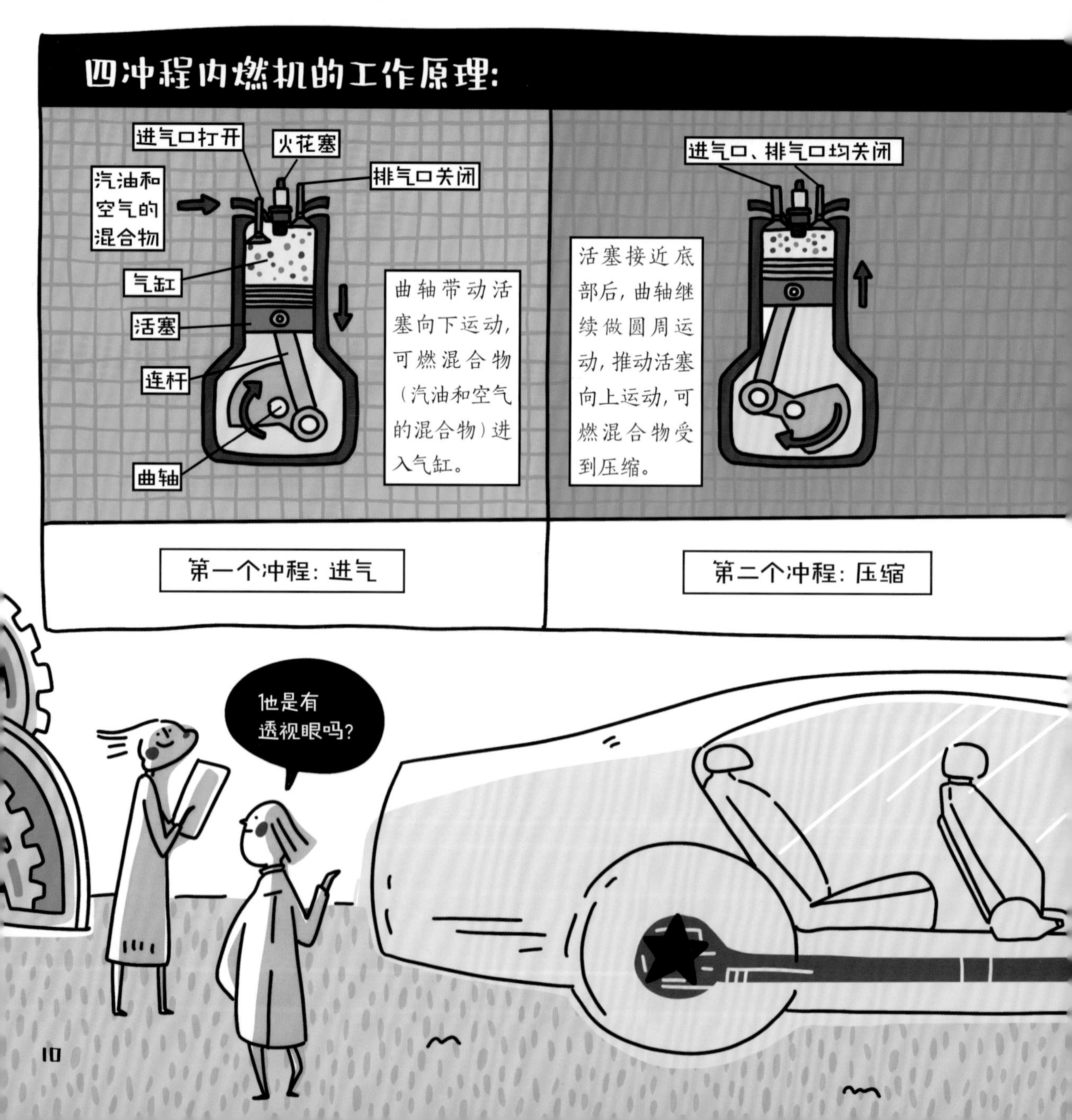

活塞上下往复运动，完成进气、压缩、做功、排气。

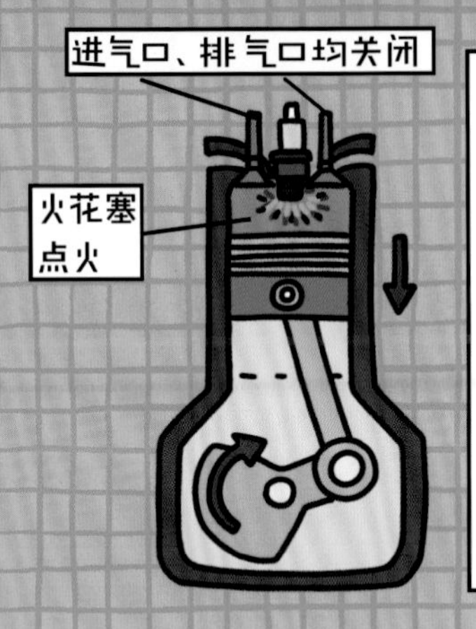

活塞接近顶部时，可燃混合物继续被压缩且混合均匀，火花塞点火产生电火花，可燃混合物猛烈燃烧，产生的高温高压气体推动活塞向下运动，带动曲轴转动，对外做功。

第三个冲程：做功

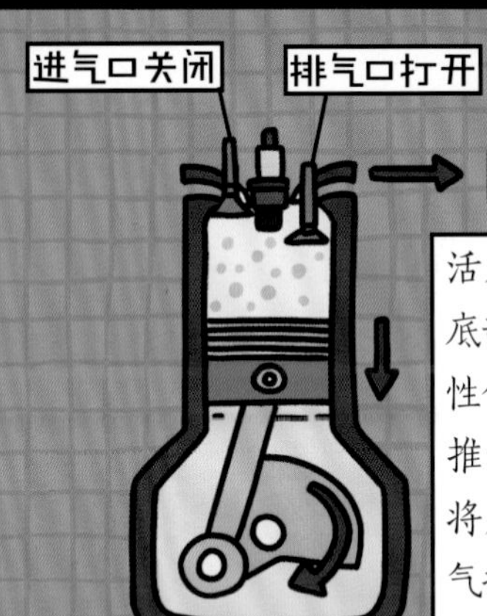

活塞又一次接近底部，曲轴由于惯性作用继续转动，推动活塞向上，将燃烧产生的废气排出，准备进入下一个循环。

第四个冲程：排气

借力而行

根据牛顿第三定律，运载工具通过推进装置向外施力以获得反作用力来行进。最简单的例子是火箭的发射，燃料燃烧产生的高温高压气体从发动机直接向外喷射以获得反作用力。或者想一下螺旋桨飞机——发动机驱动螺旋桨高速旋转，桨叶旋转时向后推开大量空气，产生的反作用力使飞机前进。现代船舶的行进原理也是如此。这些都属于向外部借力的办法。

火箭的发射

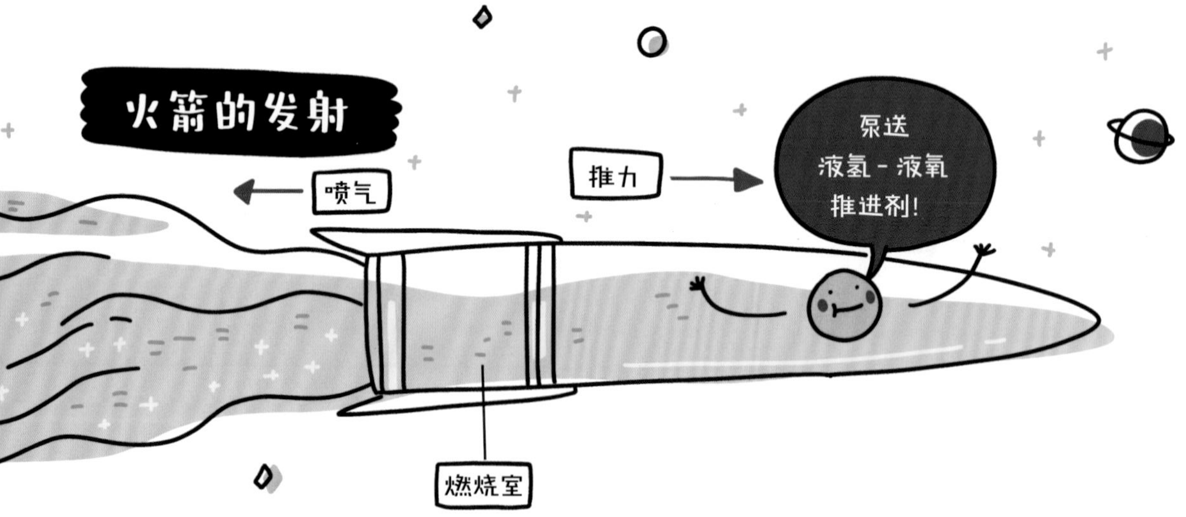

螺旋桨飞机的起飞

● 滚动行驶

地面上的车辆大多靠轮子滚动行驶。车辆加速行进过程中，发动机的力矩通过齿轮和传动轴等结构传递给轮子，轮子获得转动的力矩而向前滚动，并对地面施加一个向后的力；而地面对轮子表面则有一个方向相反的力，即驱动力。也就是说，在轮子与地面接触的过程中，轮子将转动的力矩转化为车辆向前的移动。只有道路与轮胎之间有足够的摩擦力，车辆才能前进；汽车如果行驶在光滑的路面（如冰面）上，摩擦力不足，车轮就会空转打滑、无法前行。所以，摩擦力虽然在很多情况下是阻力，但在汽车行进中却是助力。

翻滚吧，轮子！

为什么安装轮子

车辆在正常行驶的过程中，还会受到与行进方向相反的力，具体来说就是车轮受到滚动阻力——主要来自轮胎的非弹性效应：地面和车轮受压后会发生形变，压力去除时需要消耗一定的能量以恢复至初始状态。轮胎通常是橡胶制成的，车轮向前滚动时与地面接触的部分会被压缩，离开地面后又会膨胀，这样的被压缩、膨胀都会造成能量损失。滚动阻力还来自车轮相对地面的滑移，接触表面相对运动产生的摩擦力也会造成能量损失。

但滚动阻力相对于滑动阻力（摩擦力）要小得多，这也是绝大多数运载工具安装了轮子的原因之一。

＊汽车车轮转动时，轮胎的着地面依靠摩擦对地面施加一个向后的力，于是就产生了一个方向相反的力，这个力推动汽车前进。

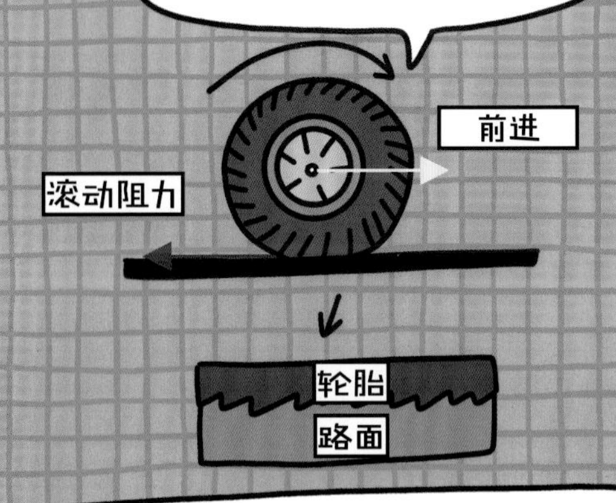

＊从微观的角度看摩擦力：轮胎陷入粗糙地面的小凹坑，依靠紧贴着的两个微型斜面传递力矩。

• 零摩擦行驶

像汽车这种借助摩擦力行驶的方式会产生材料损耗，比如我们需要定期更换轮胎、刹车装置以及进行路面维护。磁悬浮列车找到了零摩擦前进的方法——通过悬浮在轨道上方一定高度行驶来实现。磁悬浮列车需要特殊的轨道，并以两种不同的方式来利用磁力。列车和轨道上的磁体组合一方面借助垂直方向的斥力使车辆悬浮，从而消除摩擦力；另一方面借助水平方向的吸力和斥力，一推一拉带动车辆前行。整个磁力系统通过改变电流来调整磁场，控制列车运行。

磁悬浮列车工作原理

磁悬浮列车导轨沿线安装的磁体上下有两个相反的磁极，与车厢的磁体相互作用：下方同极相斥，上方异极相吸。列车因此能悬浮于轨道上方行驶。

咬合行驶

齿轮称得上一项重大发明，它用途多样，早已渗透至人类生活的方方面面。以今天常见的变速自行车为例：高速行驶时，车轮飞快旋转，但我们并不需要以同样的速率踩踏板，这就要归功于齿轮的存在。

自行车有一套大小不一的齿轮，即齿轮组（汽车也有），齿轮之间通过链条或轴联动，但由于不同的齿轮齿数不同，大齿轮转一圈，小齿轮要转一圈以上。所以，我们的脚踩一圈时，与小齿轮同步的车轮可以被带动着转好几圈，它们的转速的比值就是**传动比**。（用一组齿轮来调节传动比，就是变速器的工作原理。）

自行车的传动装置

踏板转动带动同轴齿轮，同轴齿轮带动链条，链条带动后轮齿轮，后轮齿轮带动后轮旋转。后轮齿轮上安装的变速器可以通过将链条在不同大小的齿轮上切换来调整自行车的速度，从而适应人们不同的骑行需求。

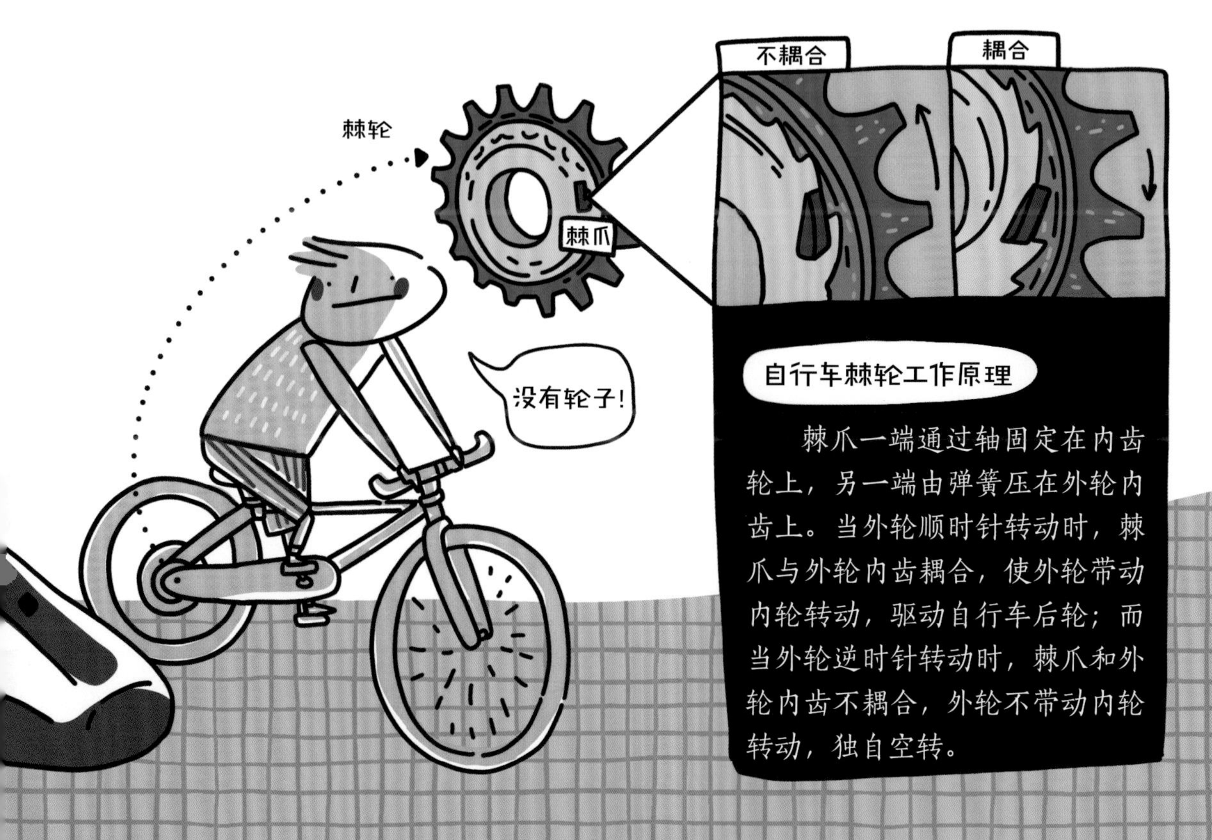

自行车棘轮工作原理

棘爪一端通过轴固定在内齿轮上，另一端由弹簧压在外轮内齿上。当外轮顺时针转动时，棘爪与外轮内齿耦合，使外轮带动内轮转动，驱动自行车后轮；而当外轮逆时针转动时，棘爪和外轮内齿不耦合，外轮不带动内轮转动，独自空转。

操控的自由

与让运载工具运转起来相比，有效控制运载工具同样重要。

制动系统

在地球上，空气或水的阻力会使行进物体自然减速，但为了更好地控制运载工具，人们为所有的运载工具配备了制动系统——刹车。物理学为此提供了两种解释。第一种：根据牛顿第三定律，可以通过向运载工具施加一个方向与行驶方向相反的力，使运载工具减速或停下来。第二种：从能量的角度来看，可以将车辆的动能转化为另一种形式的能量——大部分车辆利用摩擦将动能转化为热能（制动摩擦片压向车轮上的制动盘，两者产生摩擦令车轮停转）。

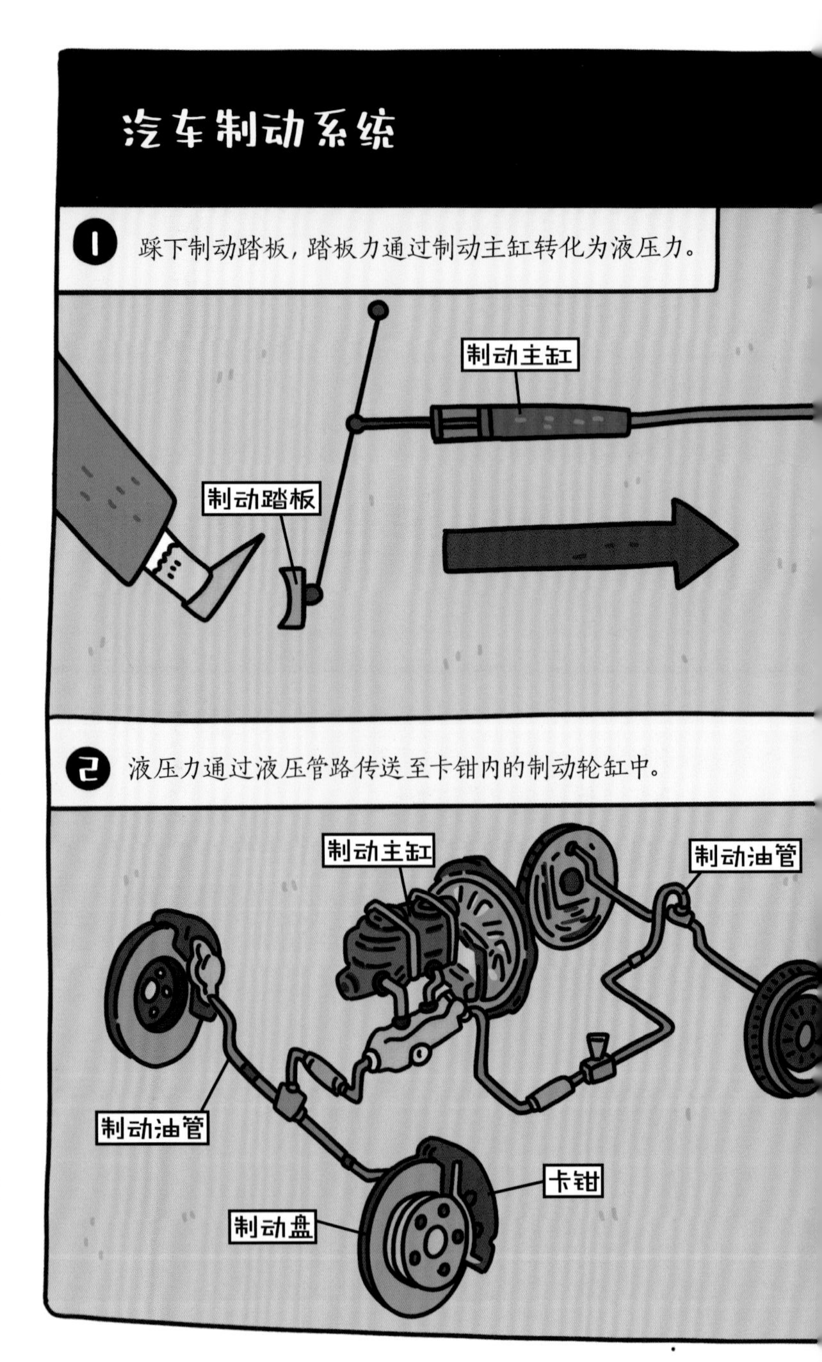

3 制动轮缸中的活塞推动摩擦片系统压在制动盘上，令其停止旋转。

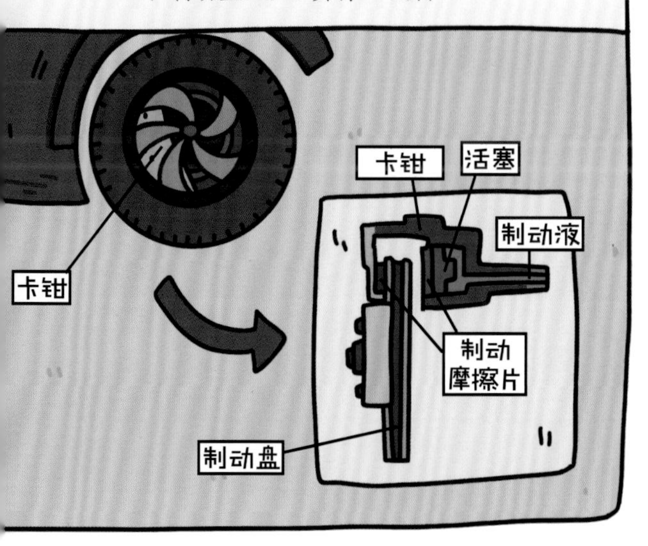

● 变速器

汽车的变速原理与自行车的类似，只是齿轮隐藏在变速器中。发动机从曲轴端输出的力矩，由变速器转换后经传动轴传到车轮的轮轴，从而达到想要的车速。在驾驶员踩油门时，发动机转速增大，汽车加速；但发动机转速有限，如果变速器在车速较快时配合换到更高的挡位，在发动机转速相同的情况下，车速将更快。

● 离合器

离合器是介于发动机和变速器之间的接合装置。当它“合”的时候，发动机与变速器接合；当它“离”的时候，传动通路被切断。因为变速器的齿轮只有在相对静止的状态下才能切换（也就是换挡），所以变速前要先松开离合器（“离”）以使变速器与发动机分离，待齿轮切换后再“合”上。手动挡汽车的换挡由驾驶员通过踏板控制离合器完成；自动挡汽车的换挡则由计算机和液压系统自动完成，无须驾驶员操作。

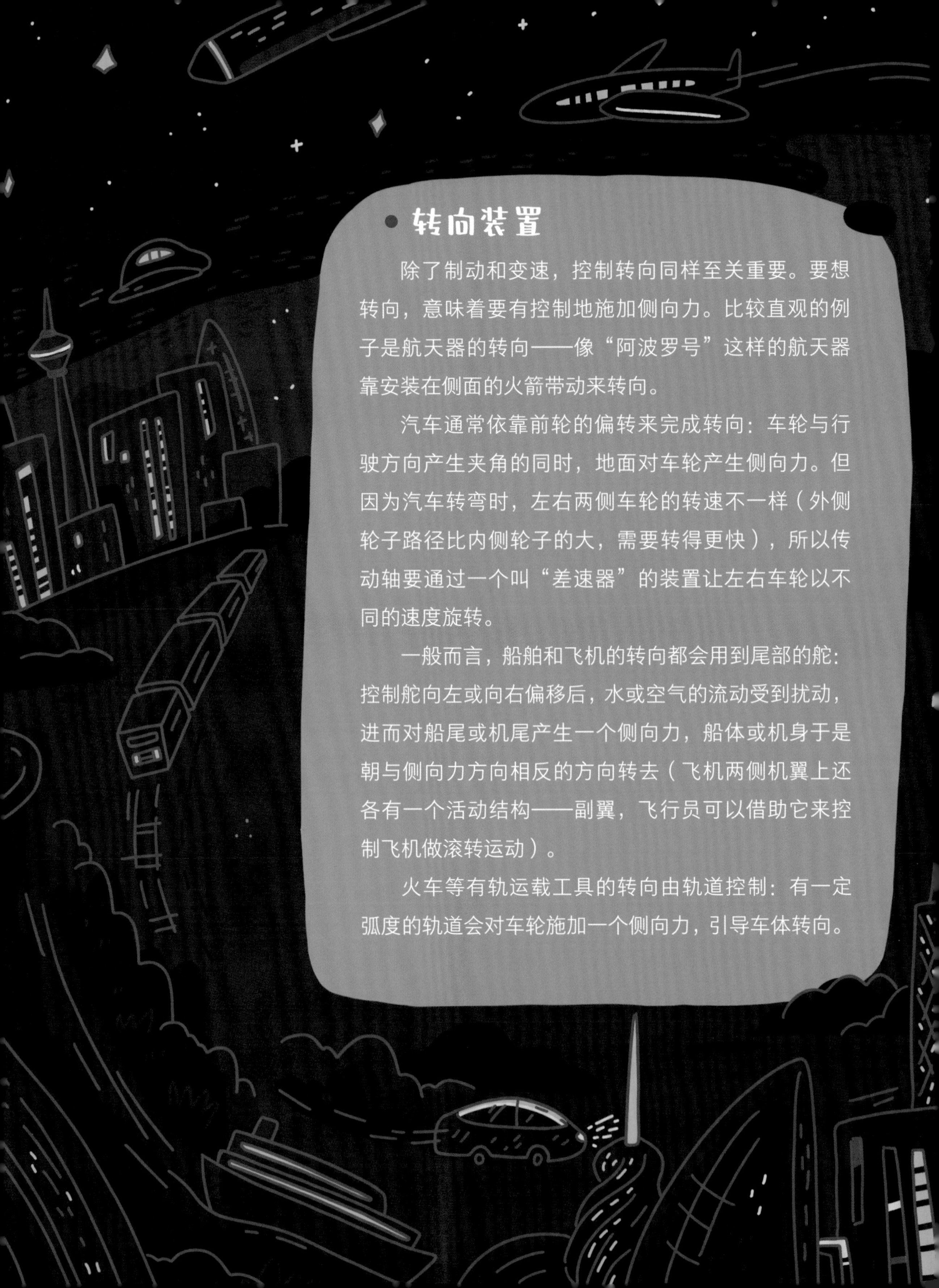

转向装置

除了制动和变速，控制转向同样至关重要。要想转向，意味着要有控制地施加侧向力。比较直观的例子是航天器的转向——像“阿波罗号”这样的航天器靠安装在侧面的火箭带动来转向。

汽车通常依靠前轮的偏转来完成转向：车轮与行驶方向产生夹角的同时，地面对车轮产生侧向力。但因为汽车转弯时，左右两侧车轮的转速不一样（外侧轮子路径比内侧轮子的大，需要转得更快），所以传动轴要通过一个叫“差速器”的装置让左右车轮以不同的速度旋转。

一般而言，船舶和飞机的转向都会用到尾部的舵：控制舵向左或向右偏移后，水或空气的流动受到扰动，进而对船尾或机尾产生一个侧向力，船体或机身于是朝与侧向力方向相反的方向转去（飞机两侧机翼上还各有一个活动结构——副翼，飞行员可以借助它来控制飞机做滚转运动）。

火车等有轨运载工具的转向由轨道控制：有一定弧度的轨道会对车轮施加一个侧向力，引导车体转向。

第二章

更快，去更远处

我们今天能舒适、便捷地出行，

拥有更大的出行自由，得益于科技的不断发展。

地球从 20 世纪开始变得越来越“小”。

从步行到骑行，

从集体出行到自驾出行，

从满足基本需求到实现智能化定制，

人们设计出了越来越多合理、高效的运载工具，

它们正成为人体延伸的一部分，

载我们感受和发现身边的世界，

带我们体会更快捷、更自由的生活。

让我们在想象力的驱动下穿行去未来吧！

人类 2.0 时代

人类出现的最初数万年间，一个人想去很远的地方是不安全、不可能、无法想象的，而大规模的远行意味着离开聚居已久的家园，需要长途跋涉，十分艰辛。

今天，我们只要会骑自行车，去几十千米以外的地方完全不在话下，汽车、火车、飞机等运载工具甚至能带我们去千里之外。这种说走就走的便利可以说是“人车合一”科技的成果。从这个角度来说，各类运载工具实际上是人体的延伸，帮助我们更有效地探索遥远的地方。

自行车发展史

❶ 19 世纪初，肆虐欧洲的饥荒导致人们无马可骑。1817 年，德国护林员卡尔·冯德赖斯苦于林中跋涉的劳累，发明了人类历史上第一辆自行车。只不过，当时的自行车还很难“自行”，需要人两脚不断蹬地才能前行。路况不好时蹬一下也前行不了多远。

❷ 1840 年，苏格兰铁匠柯克帕特里克·麦克米伦在自行车后轮的车轴上装上曲柄，再用连杆把曲柄连接到前面的脚蹬，人的双脚终于真正离开地面了。

❸ 1886 年，英国工程师约翰·斯塔利改进了自行车。他为自行车装上了前叉和车闸，将前后轮设计得大小相同以保持平衡，并用钢管制成了菱形车架，还使用了橡胶车轮。至此，现代意义上的自行车成形了。

❹ 现在，自行车已经成为十分普遍的人力交通工具。普通人的日常骑行速度为 10~20 千米 / 时；经过训练的人骑专用自行车的速度可达 45 千米 / 时甚至更快。

说走就走的骑行

现代自行车款式五花八门，但基本结构大致相同。

轮子

两个轮子大小一致，这使自行车前行时更稳定。

充气轮胎

缓冲骑行时路面颠簸带来的冲击力。

齿轮

用踏板驱动同轴的齿轮，以齿轮带动链条，再由链条带动后轮齿轮以使后轮转动。后轮是主动轮。

棘轮

由于棘轮的存在，前行过程中踏板即使不与车轮同步转动，连接踏板的齿轮也不会影响后轮齿轮，因而不会改变自行车车轮的转动。

尾灯

尾灯是人们利用逆反射原理设计而成的。它可以让入射光恰好沿着原方向反射，提升了夜晚骑行的安全性。

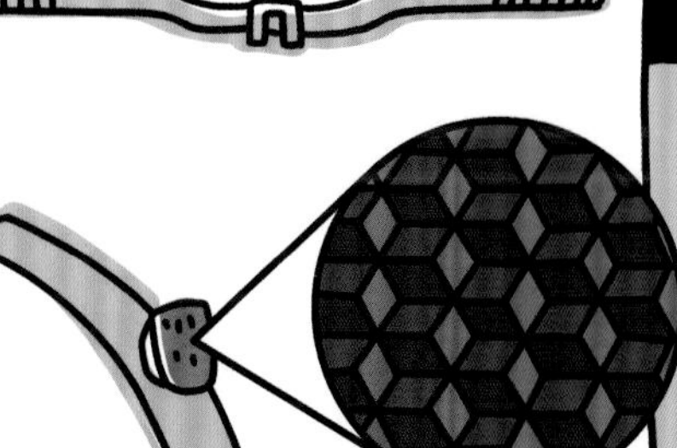

刹车装置

分前后轮刹车装置，通过机械传导让车轮两侧的橡胶刹车片贴近轮框，依靠摩擦力使车轮快速减速。

离心力效应

虽然不该嘲笑卡尔·冯德赖斯，但19世纪那些因无法接受“跑步机”而认为自行车荒谬的人在某种程度上是可以理解的，毕竟直到现在，我们依然不能说彻底弄清楚了为什么自行车行驶时可以直立不倒。有人说这是因为骑车人根据具体情况调整了车轮转向，并据此提出了离心力效应来解释这一调控过程。

假设自行车快要倒向右侧，经验告诉我们此时应该控制前轮转向右侧，并用力踩踏板以提高车速，自行车就自然而然由做直线运动变为做圆周运动，所绕行的圆在我们身体右侧。理论上来讲，自行车做圆周运动时，我们与车作为整体受到离心力，因此被推向左侧，从而保持了平衡。

* 运动员甩动链球，感觉球好像在拉链子一样，这就是离心力的作用——使旋转的物体远离圆周中心。

* 自行车倒向一侧时，令车轮转向同一侧做圆周运动，借助离心力保持车身平衡。

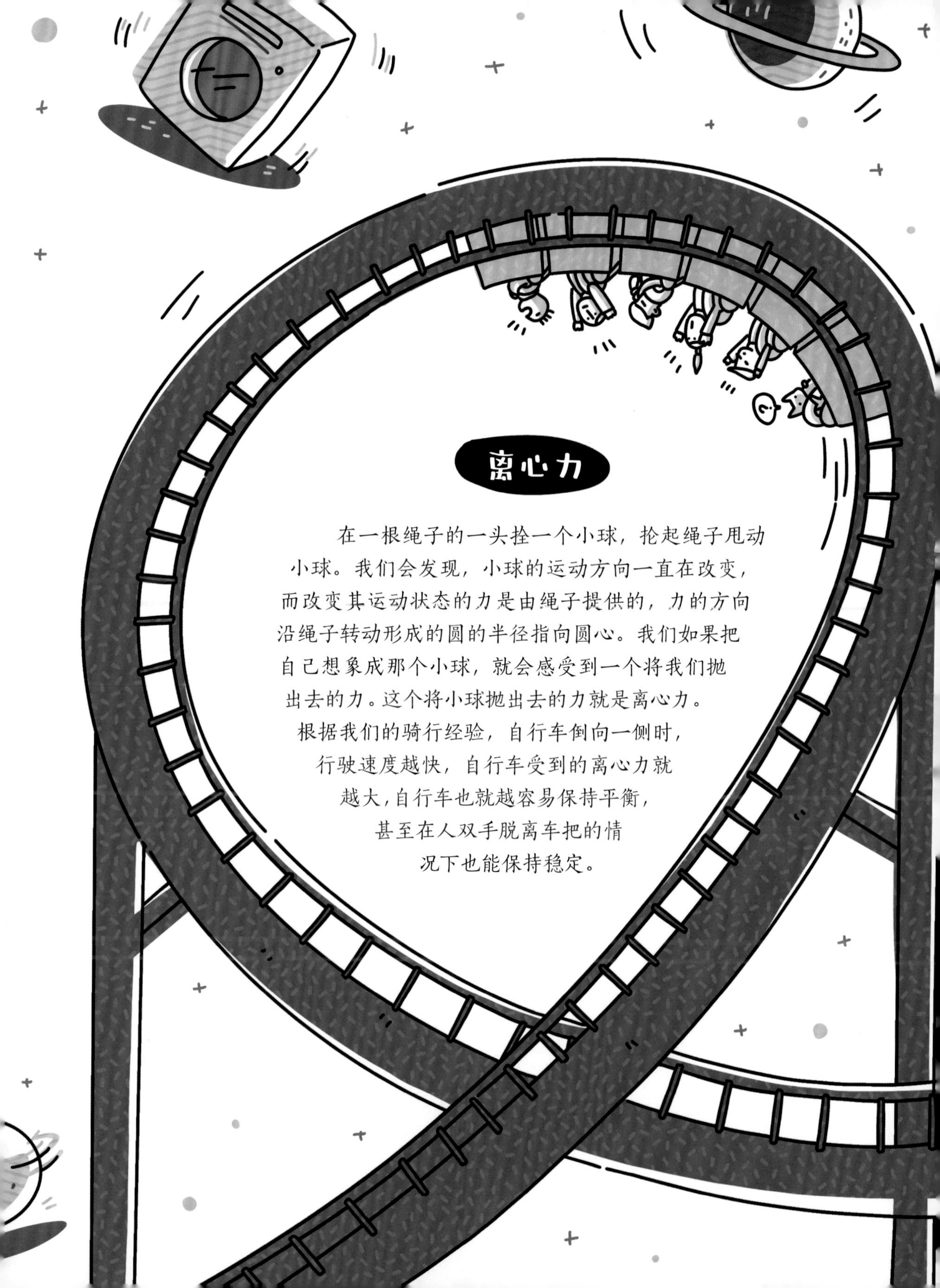

离心力

在一根绳子的一头拴一个小球，抡起绳子甩动小球。我们会发现，小球的运动方向一直在改变，而改变其运动状态的力是由绳子提供的，力的方向沿绳子转动形成的圆的半径指向圆心。我们如果把自己想象成那个小球，就会感受到一个将我们抛出去的力。这个将小球抛出去的力就是离心力。根据我们的骑行经验，自行车倒向一侧时，行驶速度越快，自行车受到的离心力就越大，自行车也就越容易保持平衡，甚至在人双手脱离车把的情况下也能保持稳定。

● 陀螺效应

事实上，为了不让自行车倒下，在骑行时，除了人的作用，还有由自行车本身结构所产生的自动控制机制的作用，比如陀螺效应。

陀螺在高速旋转时，即使中轴（与陀螺盘面垂直的轴）歪斜，仍然不会完全倒下。此时，陀螺除了在自转，也在环绕**铅垂线**公转，且转速越快，陀螺盘面的倾角就越稳定，这就是陀螺效应。这种自转物体的自转轴绕着另一轴旋转的现象就是进动。

如果我们把自行车前轮的盘面看成陀螺的盘面，由进动原理可以推出：车轮高速转动时，如果自行车有倾倒的趋势，车轮就会自动地转向同一边。而这种轻微的转向会立刻产生离心力，把自行车推向另一边，避免倾倒。

如果增高地端支点并保持足够的转速，陀螺不会倒下，只会产生看起来更夸张的进动现象，这有点儿像直升机倾斜90°飞行。从上方（左上图的右侧）看，陀螺逆时针自转，也逆时针进动，反之亦然。根据陀螺效应，高速旋转的车轮如果有向一边倾倒的趋势，会自动转向同一边（进动），这时，转向引发的离心力效应又会保持车身平衡。

独轮平衡车

独轮平衡车看起来很难控制，但车里配备了自控平衡装置，令骑行变得容易。站在独轮平衡车踏板上，人只要控制身体向前、后、左、右略微倾斜，就能让车前行、减速、左转、右转，人不用双手就能随心所欲地操控车。

这种车装备了能够根据车身的具体方位、倾斜的角度检测人体重心位置、车轮速度等参数的装置，包括随时反映车轮面倾斜情况的陀螺仪。这一系列装置通过测算数据随时调节车身，使其倾斜、转向，并充分结合人体重心随车身变化的情况，调节整体平衡。

举个简单的例子：人向前倾倒时会下意识地向前挪动双脚，因为这样有利于保持平衡，除非倒得太快人来不及反应。同样的道理，平衡车一旦检测到人体重心前移的信号，就会让车轮加速向前转，这样就能保持动态平衡了。

● 脚轮曳距效应

除了陀螺效应，自行车的稳定性原理还包括脚轮曳距效应。曳距指前轮转向轴的延长线和地面的交点 (A) 与前轮触地点 (B) 之间的距离。如果 A 点在 B 点之前且曳距数值比较大，当自行车有向一侧倾倒的趋势时，前轮就会以触地点为基点，自动往倾倒的一侧偏转，使得自行车不再保持直线运动。这样一来，自行车就会借助自发转向所产生的离心力纠正倾倒趋势。而如果 A 点在 B 点之后，车有向一侧倾倒的趋势时，车轮则会往反方向偏转，此时产生的离心力会使车进一步倾倒。

* 就算是没有人骑的自行车，如果我们将其用力推出，它也能相对稳定地行进一段距离，这或许就是因为陀螺效应和脚轮曳距效应的防倾倒修正作用。

• 事情似乎没那么简单……

为了进一步揭开自行车直立不倒之谜，有人造出了一个反陀螺效应和脚轮曳距效应的简易模型。然而这个拥有基本车身结构的模型仍能在无人操控的情况下，稳定行驶相当长一段距离。据研究者分析，它之所以能够自动调节平衡，在于车身巧妙的质量分布设计。可见，自行车并不简单，似乎还有其他因素决定其运动状态。比如有人认为，在探究影响自行车稳定性的因素时，还要考虑到人体的生物学属性，也许大脑才是操控平衡的源头，它会本能地给出调节人与车这一整体运动系统的解决方案。而大脑会在什么情况下调动哪块肌肉，人们还难以给出答案。

* 车轮很小（意味着陀螺效应很小），反向副车轮可以抵消陀螺效应。同时，这辆车转向轴的延长线与地面的交点位于车轮触地点后方，也消除了脚轮曳距效应。

特殊用途自行车专卖

- 最大的特点是轻和快，能最大限度地获得速度上的优势。

- 整体设计主要考虑减震效果，如车轮更小以降低重心、轮胎更厚重以增加弹性等。

- 强调长距离骑行体验的舒适度与耐用性，车架的设计考虑人体工学，负重能力也更强。

- 强调轻便性，能够折叠成小而规整的形状，以便在其他交通工具上存放。

- 可以任意前进和倒退，且一般没有刹车装置，骑行难度很大。

电动车与摩托车算是自行车的变体，其保持稳定的原理与自行车的类似，只不过动力源分别是蓄电池与内燃机。

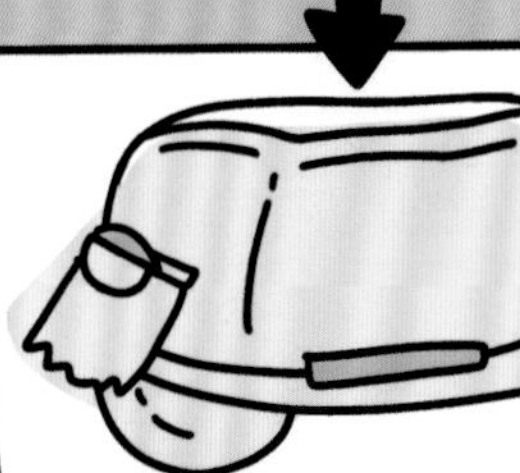

汽车狂想曲

从19世纪到20世纪，出行方式的更新深刻改变着人类社会。随着滚珠轴承、蒸汽机和电的发明、应用，依赖人畜动力（如步行、骑马）的时代结束了。船只、火车、有轨电车等运载工具的出现使人们可以更简便、更高效地出行；公路、铁路和运河网络开始遍及世界各地，远途旅行再也不是什么难事。

20世纪初，随着零件制造标准化，以燃烧汽油或柴油的内燃机为动力源的汽车转向批量生产，成为大众商品。不久以前，人们还只能搭乘公共交通工具集体出行，如今人人都可以驾驶私人汽车自由出行。这甚至影响了人们对幸福的理解：幸福不再仅是拥有丰富的物品，更是能够实现不依赖他人的行走自由。

可以说，汽车普及带来的高度流动性，不仅改变了现代社会人与空间的关系，也影响了人与人之间的关系。思考汽车在现代社会中的地位与作用，从某种角度看也是在探讨人与世界、人与人的关系。当然，汽车为人类带来的便利毋庸置疑，我们需要在意的是如何减少过度发展产生的负面影响。更进一步说，就是考虑人类应该如何更理性地应用新技术，从而在人类和自然保护之间找到平衡点。

汽车的未来

出于安全性考虑，汽车行业新技术的引入偏于保守，但这毫不影响人们在**概念车**的设计上异想天开。汽车制造商和设计者把先进的材料、技术和理念应用到概念车的打造中，那些超前的构思和独特的创意引领着汽车发展的趋势，自动驾驶、增强现实（AR）、人工智能正慢慢进入普及阶段，新的驾驶体验也将令人耳目一新。了解概念车，可以说是预览未来的汽车，我们从中收获的，除了对新技术的赞叹，还有奇思妙想带来的启迪。

身随心动

手握方向盘左转、右转，以及踩油门和刹车，这些自汽车出现以来保持至今的基本操作有可能彻底改变。这辆概念车的驾驶座扶手上设有操纵盘供人车交流，它可以检测驾驶员的掌纹、体温、脉搏等，并能随着人的呼吸相应起伏，仿佛能感受人的心情。通过在操纵盘上做出前后左右移动的手势，驾驶员单手就能掌控汽车的加速、减速、左转、右转。摊开手掌，会有控制图标投影到手上，轻轻一握，某个命令就被执行，好像在点击触摸屏上的菜单。其座椅的设计也更符合人体工学，驾驶员可以舒适地靠着甚至半躺着，而不必正襟危坐。车身背后设有可张开、闭合的“鳞片”，这些“鳞片”不仅能在需要减速时张开竖起以增大空气阻力，在需要加速时闭合以减小空气阻力，还能配合内置的多彩小车灯，在加速、减速、左转、右转时分别闪烁不同的光芒来和外界交流。此外，这款概念车以电力驱动，电池以**石墨烯**为原料，不含金属，可分解，有益环保，且充电速度快。

贴心管家

这款概念车搭载了人工智能助手，试图通过多种方式与驾驶员建立情感纽带，还可以在交流过程中自我学习以猜透驾驶员的心思。

- 会像聊天机器人一样与驾驶员进行语音对话。
- 跟踪和关注驾驶员感兴趣的话题，播报实时新闻。
- 可以捕捉驾驶员的表情和动作，推测其情感状态和疲劳程度，还可以调整座椅、播放音乐，甚至喷洒香水。
- 根据驾驶时间判断驾驶员是否有就餐需求，再按其平时喜好（或曾经提起心仪某家餐馆等信息），预定餐馆座位，并自动驾驶到该餐馆。

增强型驾驶

这款概念车的特别之处是方向盘像玩具控制器一样。驾驶员轻轻在上面拍两下，车就可以启动并进入自动驾驶模式。方向盘上的传感器还能通过驾驶员的手势做出相应的判断。例如：用手在方向盘上顺时针滑动，车就会换到右边的车道；逆时针滑动，车就会换到左边的车道。驾驶员如果想自己驾驶，只需要双手握住方向盘：略微后拉，车就会减速或刹车；轻推方向盘，车就会加速。如果双手离开方向盘，车又会恢复自动驾驶模式。这种设计理念属于增强型驾驶，驾驶员可以轻松切换自动和半自动驾驶模式。开启半自动驾驶模式时，自动驾驶系统将保持待命状态，会根据具体情况随时启动。比如观察驾驶员的眼睛，一旦认定驾驶员被窗外环境吸引而分心，就会收回驾驶权。这种无缝过渡既能保留驾驶乐趣，又能提升安全性。

行走的力量

想象以下场景：坐在轮椅上的人在门口台阶上等待出租车，汽车在暴风雪中打滑并陷入雪地，伤员在满是石块的崎岖山坡上等待救援。如果汽车可以站立、行走甚至爬坡，人们不就能摆脱这些困境了吗？这款概念车的设计者出于这一考虑，将电动汽车和机器人合体，打造出了可以在众多地形条件行走的机械步行者：在正常的道路上，它是一辆普通汽车；在雪地和山石间，它能立起来，4 个轮子变成 4 条“腿”，像哺乳动物一样“行走”，甚至能翻过高墙。

能达到这样的效果依赖于它车轮的 6 个自由度：“臀关节”2 个，“膝关节”1 个，“踝关节”1 个，车轮转向 1 个（360° 转向），车轮滚动 1 个——前面 4 个自由度用来“行走”，后面 2 个用来行驶。要知道，普通汽车的车轮只有 2 个自由度：前后滚动和左右转动，且后者的自由度还受限（除了赛车，大部分汽车车轮左右转动的最大角度在 45° 左右）。

会飞的汽车

驾车出行堵在路上时人们最希望的大概就是汽车可以腾空飞起了吧。这款由地面模块、飞行模块和驾驶舱三大部分组成的概念车可以满足人们的这个愿望。当驾驶舱和地面模块结合在一起时，这是一辆普通汽车；当驾驶舱和带有 4 个螺旋桨的飞行模块结合在一起时，它就成了一架小型直升机，“变形”就像搭积木一样简单。这种汽车还可以按需提供定制出行服务。人们可以在吃早餐时预定“家—办公室”的出行服务，出门时汽车就已在门口等候；还可以预定飞行服务，驾着它去大厦顶部的停机坪。

个人出行新方案

你有过这样的经历吗？好不容易穿过拥挤的人群赶到公交车站，却眼睁睁看着那辆难等的公交车恰好关门启动……值得期待的是，除了开私家车和乘出租车这些私人化出行方式，公共交通也在探索如何满足个人需求，比如有一种已经投入运营的个人快速公交（PRT），你可以把它理解为一种点对点、即乘即发、无人驾驶、舒适便利的自动出租车服务。不断进步的科技正将人们曾经想象的场景变为现实……

● 个人快速公交

搭乘个人快速公交车是一种什么样的体验？试运行的运营系统满足了我们的想象。

进入站台大厅，我们首先会看到一扇扇标示着数字的玻璃门。玻璃门后停着豆荚一样的小车——豆荚车。轻触玻璃门旁立柱上的按钮，玻璃门和豆荚车的车门陆续打开：车厢可容纳 4 人，里面设有可点击操作的触摸屏，选好目的地并确认，旅程便开始了。豆荚车慢慢倒离站台，之后沿着带护栏的独立导轨以 40 千米 / 时的速度自动驶向目的地。豆荚车系统包括中央同步系统（确保车辆行驶不冲突）、车辆自主控制系统（使用激光传感器引导车辆在导轨内行驶）和车辆自动保护系统（确保车辆不相撞）。

个人快速公交的特点

系统构成

- 一组自动化小车：这些轻量级小车以电力驱动，通常能搭载 2~6 名乘客。

- 密集分布的小型车站：这些车站和主导轨平行，便于小车直接驶过中途的站点。

- 专用的导轨网络：一般是独立的导轨，避免影响地面行人及其他交通工具通行。

- 自动化系统：负责调遣小车和规定小车路线以确保安全性。乘客只需输入目的地。

运行特点

- 即时响应乘客需求：一天 24 小时运行，站内随时都有空闲的小车待命，乘客随到随走。

- 中途不停站：车站设在运输主线外，小车能直接驶过中途的站点，开往目的地。

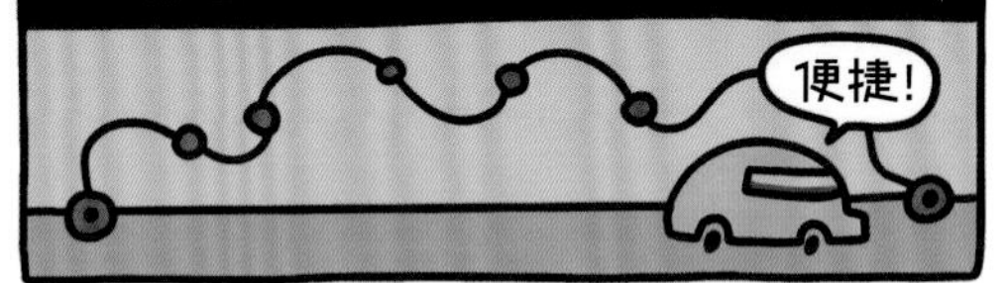

- 直达目的地：乘客不需要换乘就能直达导轨网络中的任意地点。

设计背景

交通规划者为何提出个人快速公交这种方案呢？很多时候，现有公共交通方式使乘客不得不经历长时间的等待、换乘和车中途停站等情况，而且在节能环保方面也存在劣势。人类社会需要一种拥有大规模轨道网络、中途不停站、会自动将小规模乘客送达目的地，且舒适又环保的交通方式。摆在设计者面前的问题是如何实现每段行程都不停站，且满足乘客随时乘坐的需求。将车站设置成在主轨侧边的离线车站是一种方法。

反对之声

有人对个人快速公交提出异议，认为虽然从概念上来说它很有吸引力，但从系统性技术分析来说并非如此：小型车辆面对大量乘客时，效率会变得很低，更何况一个包含导轨、车站和复杂自动化设施的运输系统的建立需要投入大量资金。而在实际操作上，这一方案也不现实：假设在一栋大型写字楼旁边设有个人快速公交车站，午餐时间有 80 个人要去导轨网络中的不同目的地，那么为了满足需求，系统要在几分钟内提供至少数十辆车。可想而知，这得投入多少资金！无论如何，成本投入过大是一个棘手的问题。

* 离线车站可分为串行车站（豆荚车共享一条路线）和平行车站（每辆豆荚车都有单独的出入路线，互不干扰）两种。

弦交通

在空中轨道方面，研究者提出了一系列被称为“弦交通”的技术设想，即无人驾驶的运载工具沿着架在空中的钢轨移动。这种前沿的高架轻轨系统适用于城市单轨道综合体、货运综合体和长途高速综合体三类运载模式。从安全性来说，轨道位于地面上方，可将安全性提高上百倍；特有的防脱轨设计可将安全性再提高十倍以上；而自动控制系统则消除了人为的不确定因素。

超级环路列车

什么也无法遏止人类的奇思妙想：有没有可能在接近真空的管道中高速运输乘客或货物呢？在设想中，这是一种低能耗运输系统，以胶囊座舱为载体，通过压缩空气的方式推进座舱，并结合磁悬浮技术，让座舱行驶在减压、接近真空的管道中，这将大大减小空气阻力，有可能实现 1000 千米 / 时的速度。不过，从构想到现实还存在很多问题，其中安全性问题尤为重要，因为一点点细微的误差都可能造成巨大灾难。

智能出行方案

智能出行方案的设计综合衡量了未来城市建设和居民生活，通过交通枢纽连接天空和地面，是一类未来可实现的交通系统。

资料馆 公共交通

公交车历史悠久，早在1833年，蒸汽驱动的公交车就出现在伦敦的街道上。自20世纪20年代起，公交车最常见的动力源是柴油机，同时出现了由架空线路供电的无轨电车。如今，公交车继续朝着安全、舒适、便捷、环保的方向发展。

• 19世纪初的双层马拉公交车

• 1895年，以内燃机为动力源的公交车投入使用，人们告别了马拉公交车时代。

自动驾驶

自动驾驶汽车将成为未来汽车的主流，这当然也包括自动驾驶公交车。事实上，已经有一些地方进行了相关探索。比如能利用认知学习技术与乘客互动的自动驾驶电动小客车，它可以被召唤，可以回答有关路线和附近景点的问题，并能通过连接乘客的社交媒体账户，提供个性化服务。有些自动驾驶技术还能实现车辆在行驶过程中识别道路上的障碍物和行人，在公交车站精确停车、打开车门、关闭车门、自动起步，并与红绿灯系统通信。

零排放

为减少温室气体排放，电动公交车的使用成为必然，但高容量电池技术和快速充电技术仍有待发展。有些混合动力车将电池和充电装置安在车顶，只要在终点站或中途某些车站停留几分钟，路边充电桩的**受电弓**就会降到车顶的连接点给车充电。有些车安装了制动能量回收系统，可以利用车辆下坡的惯性让车轮带动发电机，为车顶的电池充电。

公交车站

一项研究表明，乘客在等车时吸入的有毒气体可能是在城市其他地方吸入的3倍多。随着公交车的更新换代，公交车站也需要升级。

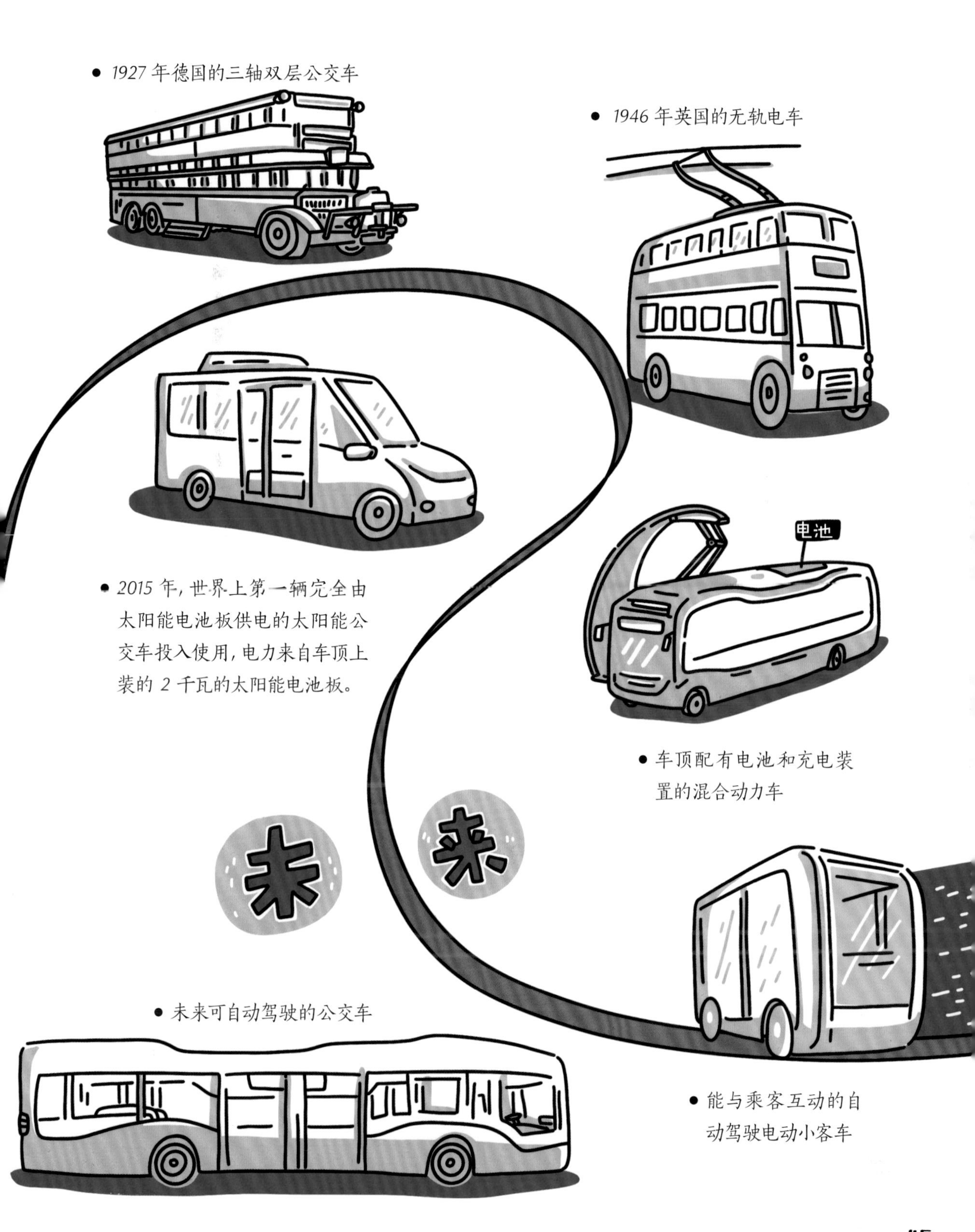
1927 年德国的三轴双层公交车
1946 年英国的无轨电车
2015 年，世界上第一辆完全由太阳能电池板供电的太阳能公交车投入使用，电力来自车顶上装的 2 千瓦的太阳能电池板。
电池
车顶配有电池和充电装置的混合动力车
未
来
未来可自动驾驶的公交车
能与乘客互动的自动驾驶电动小客车

第三章

更高，去更高处

人类对飞行的向往由来已久，

从去更远处到向更高处，跨越边界，突破极限，

把像鸟一样翱翔作为自由的图腾，探索不止！

既然人类已经借助电梯初步达成“去更高处”的愿望，

那么建造太空梯将不再难以想象。

从离开地面开始，一步步站在全新的高度，

并以全新的视角，瞭望前所未见的新世界……

从离开地面开始

自从人类学会使用绳索和滑轮组件来提升重物后，各类提吊设备帮助人类到达了人力难以企及的高度。而电梯的出现，将人类“去更高处”的愿望以前所未有的方式直观地呈现在世人面前。如今，人类工程师正在建造具有新功能的电梯，这些电梯或许不仅仅可以将人类送到更高处，还可以实现横行、斜行、曲折前行……离开地面自由移动。人类在突破极限的道路上持续前进。

超级绳索

1852 年，伊莱沙·奥的斯发明了一种安全制动系统，它可以在升降机绳索断裂时阻止升降机坠落。不久之后，电梯普及开来。奥的斯在演示他的安全制动系统的安全性能时，使用天然麻绳吊起升降台。到了 19 世纪 70 年代，电梯制造商转而使用由多束金属丝制成的更结实的绳索。今天，电梯绳索通常是钢制的，坚固耐用，但很重。电梯井越长，将轿厢从底部提升到顶部所需的绳索就越长：500 米高的电梯井所需的绳索重约 2 万千克！

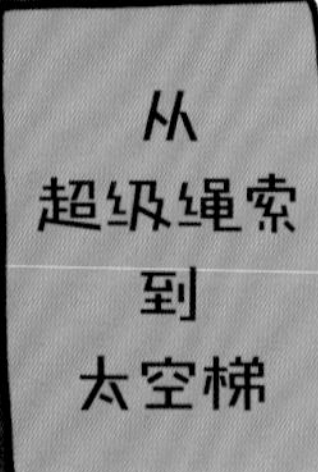

一种名为超级绳索的新材料使建造 1000 米高的电梯成为可能。这种绳索宽 4 厘米、厚 4 毫米，看起来更像是扁平的皮带，每条“皮带”包含 4 条并排的碳纤维带，表面涂有一种塑料材料——聚氨酯。由于超级绳索由碳纤维构成，所以更轻、更强韧，不会随时间推移生锈或被拉长。或许有一天，性能更强大的超级绳索可以帮助人类实现建造太空梯的梦想。

人类目前还无法建造高于 500 米的电梯，因为目前的电机无法吊起相应重量的绳索。在那些高于 500 米的摩天大楼内，人们只有在空中大厅换乘，才能在底层和顶层之间穿梭，无法“一步登天”。

奥的斯发明的安全制动系统模型

当绳索拉紧时，制动爪被拉离升降机井壁；一旦绳索断开，制动爪就会卡进井壁上的锯齿里，几秒钟即可迫使升降机停下。

更多、更快

传统电梯的另一个问题是，每个电梯井只能容一台轿厢升降，为了满足更多的人的乘梯需求，大型建筑必须设置含多部电梯的电梯厅，比如纽约帝国大厦，总计 102 层，共有 73 部电梯。过多的电梯井不仅占用了大量的建筑空间，引发的乘梯问题还迫使人们花费更多时间。

允许两台轿厢在同一井道内运行的双子电梯系统可以解决上述问题。一般情况下，双子电梯的低层轿厢在底层和中层载客运行，高层轿厢在高层载客运行。智能软件使系统运行井然有序，且仔细监控两台轿厢之间的距离，以防它们相撞。当乘客较少时，双子电梯的一台轿厢可以停在顶部，给另一台轿厢更多的移动自由。

绳索电梯运行原理

电梯井顶部的电机带动滑轮卷起绳索，将轿厢向上拉，或退绕绳索使轿厢下降。在轿厢上升或下降的过程中，对重朝相反的方向移动，使系统保持平衡。当绳索松弛或断裂时，轿厢超速下落，会先后触发控制器、制动器、限速器、安全钳、缓冲器，它们能使轿厢减速至停止。

加速！

高速电梯

世界上第一部客梯的速度仅为 12 米 / 分，比大多数人的步行速度还要慢得多。现代电梯的速度一般为 8~35 千米 / 时，已经超过步行速度，但还是明显慢于汽车或火车的速度。但新型高速电梯通过功率更大、效率更高的电机将垂直运输提升到了一个全新水平，速度超过 70 千米 / 时，电梯从 1 层到 100 层只需几十秒。

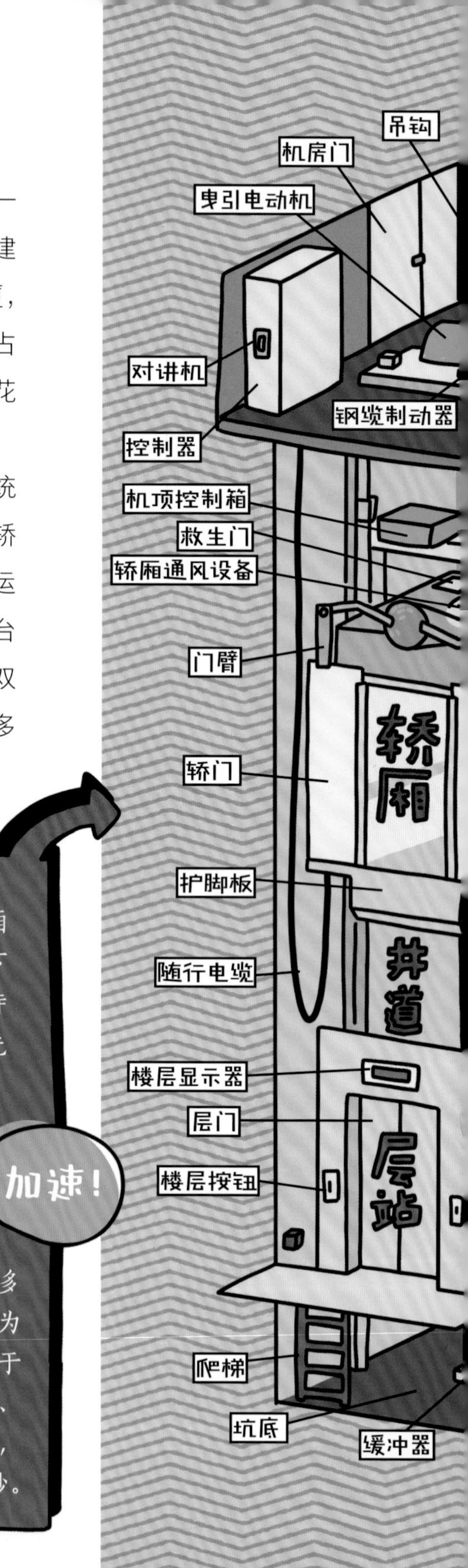

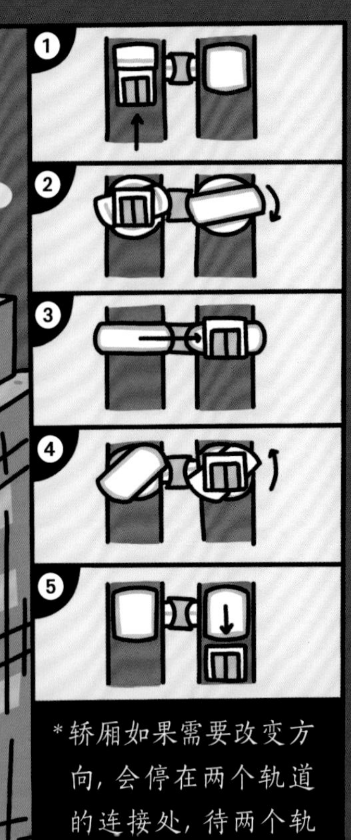

更自由、更智能

还有比同一井道内有两台轿厢更好的解决方案吗？有！可供多台轿厢垂直或水平运行的多电梯系统！轿厢的运行不再只是单一的上下，还可以呈矩形或网格状。不像绳索电梯的轿厢只能由绳索上下牵引，多电梯系统由一种类似于磁悬浮列车所使用的磁动力牵引，形象地说，相当于把一列列车的车厢放进电梯井里。多电梯系统的轿厢在垂直或水平电梯井内的轨道上运行：轨道上设有能够产生磁场的线圈，磁场推动轿厢在轨道上快速运行，不再受绳索性能的限制。有了磁场，多电梯系统就好比普通汽车脱离了单车道的土路，进入了多车道的高速公路，运行得更顺畅了。

飞起来，像鸟一样

长出翅膀再来
找我玩儿吧！

　　1919 年，一架载着 8 名乘客的飞机实现了从巴黎到达喀尔的分段飞行。这一年被很多人认为是世界民航发展史的元年。此后，随着技术的不断发展，飞机的飞行性能不断提升、完善，在飞行距离、飞行高度、飞行速度、飞行安全等方面都取得了长足进步。

　　今天，大型民用飞机可以搭载数百名乘客，最远航程超过 15000 千米，动辄数千甚至上万千米里程的旅行成为稀松平常的事，人类正一步步实现飞行自由……

*根据伯努利定律，流体的速度增大时，流体的压强能（势能）将减小，即流体速度和压强成反比。也就是说，流速越大，压强越小；流速越小，压强越大。

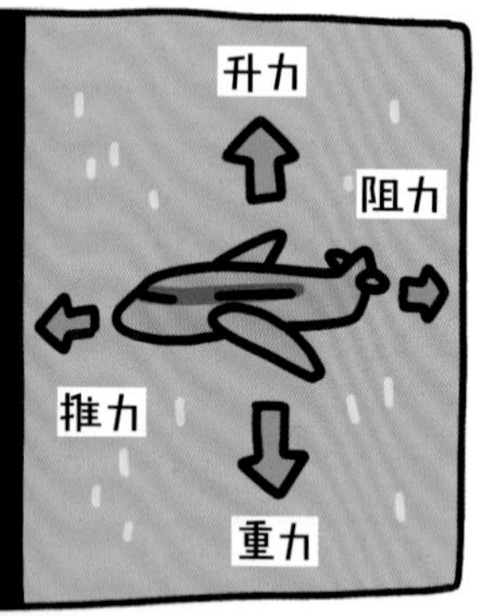

飞机危险，
鸟儿们请注意避让！

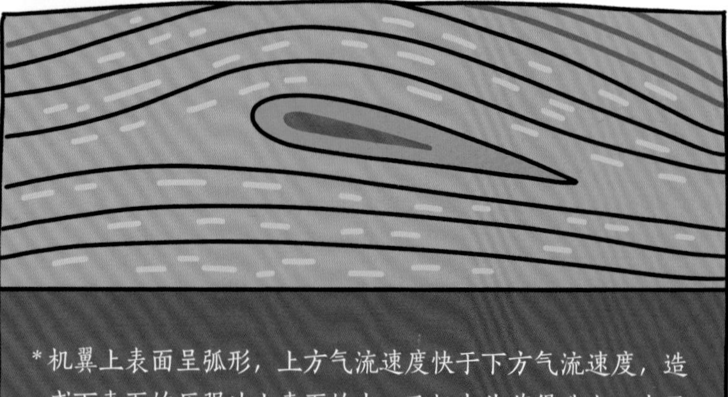

*机翼上表面呈弧形，上方气流速度快于下方气流速度，造成下表面的压强比上表面的大，飞机由此获得升力。由于在空气中飞行，飞机同时还承受一个向下的力（即飞机自身的重力）和一个向后的力（空气阻力）。

● 升力系统

飞机能在空中飞行，升力来自哪里？自飞机问世以来，科学家就一直在分析、解释其中的原理，但至今仍然没有得出最完备的结论。在有关飞机升力源的众多解释中，最主流的是伯努利定律。

❶ 机翼穿过气流，升力产生。

❷ 机翼向上倾斜，升力加大。

❸ 一旦倾斜过度（迎角过大），机翼上表面的气流被吹散，飞机就会失去升力。

前缘缝翼

在一定范围内，当机翼的迎角加大时，升力随之加大。但一旦迎角突破极限，空气无法继续顺着机翼的轮廓流动，就会引发动荡的**湍流**，升力消失，飞机将**失速**，像石头一样失控、坠落。要想解决这个问题，一种办法是从机翼下方将部分气流通过一道缝隙送至机翼上方，确保飞机在迎角比较大的情况下不失速。这就是现代飞机已经广泛采用的前缘缝翼结构。

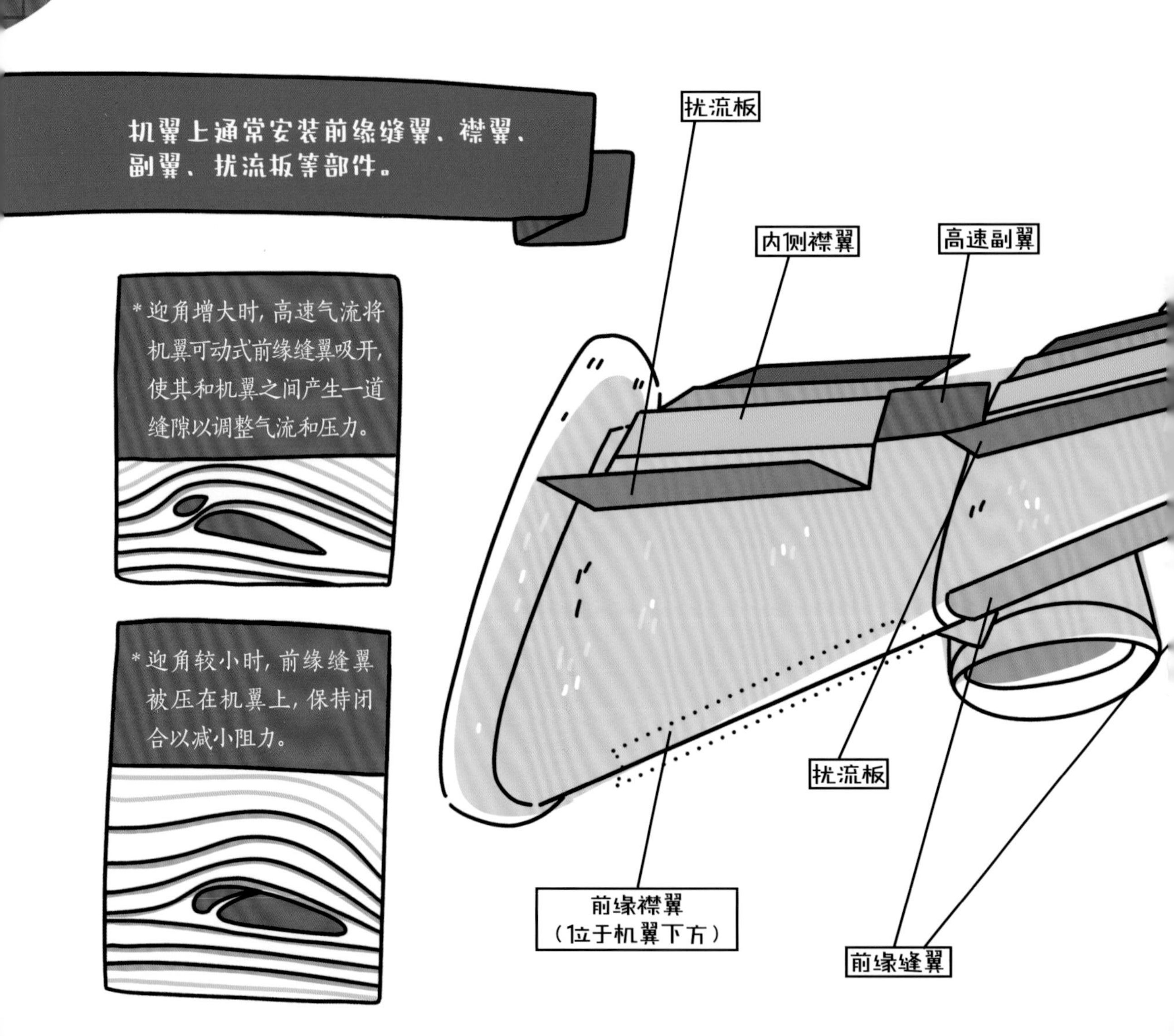

襟翼

除了前缘缝翼，机翼上还配有襟翼(活动辅助翼面)。这样的装置可以增大机翼表面承重面积和外倾角，并控制气流流量，使飞机在速度相同的情况下获得更大的升力。

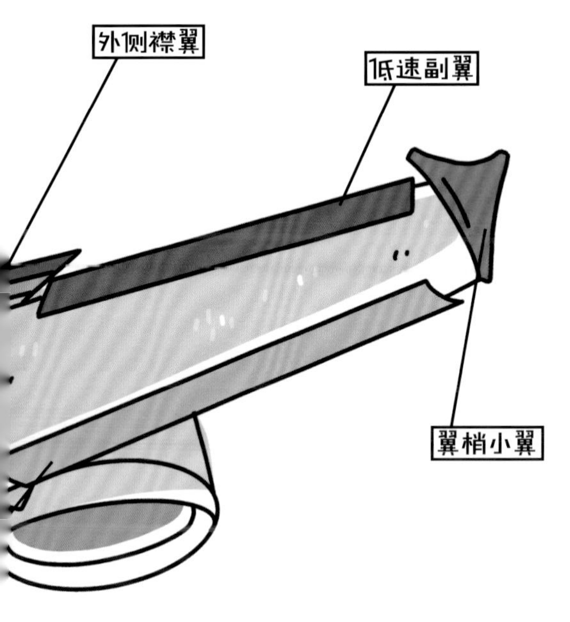

* 前缘襟翼和后缘襟翼的移动可以改变机翼弯度，从而改变机翼表面积和外倾角，调节升力。

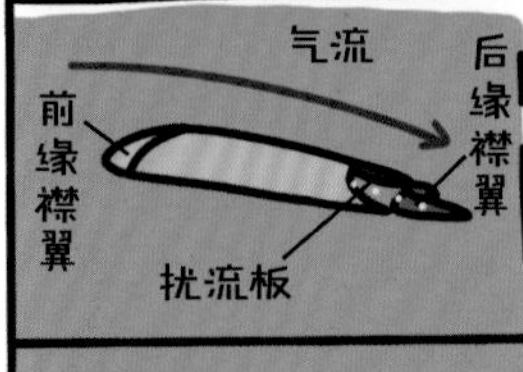

- 爬升、巡航、下斜时，实现最佳飞行效率。

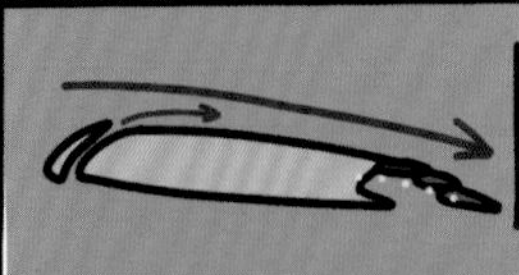

- 准备起飞、起飞后爬升时，增大机翼表面积。

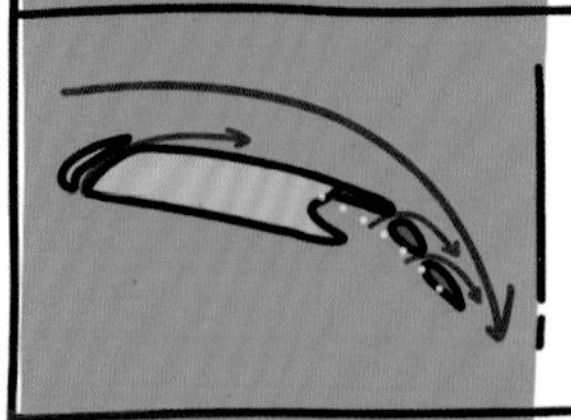

- 准备落地时，增大阻力，减小着陆时的冲击负荷。

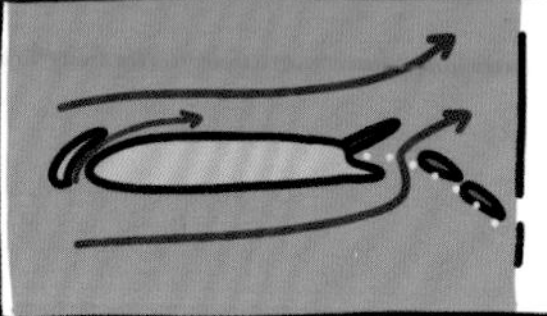

- 在跑道上制动时，减小升力，增大阻力。

扰流板

* 扰流板(图中紫色部分)抬起会扰乱周围气流，减小升力。

扰流板虽然只覆盖了机翼的一小部分，但具有特殊的功能，现代客机在降落时通常使用扰流板减小机翼的升力。扰流板还可以协助飞机转弯：如果要左转，可以将左侧扰流板抬起，增大左机翼的阻力，减小升力，使左机翼下沉；此时，再让机尾的方向舵配合小幅度向左摆，飞机就可以轻松向左转弯了。

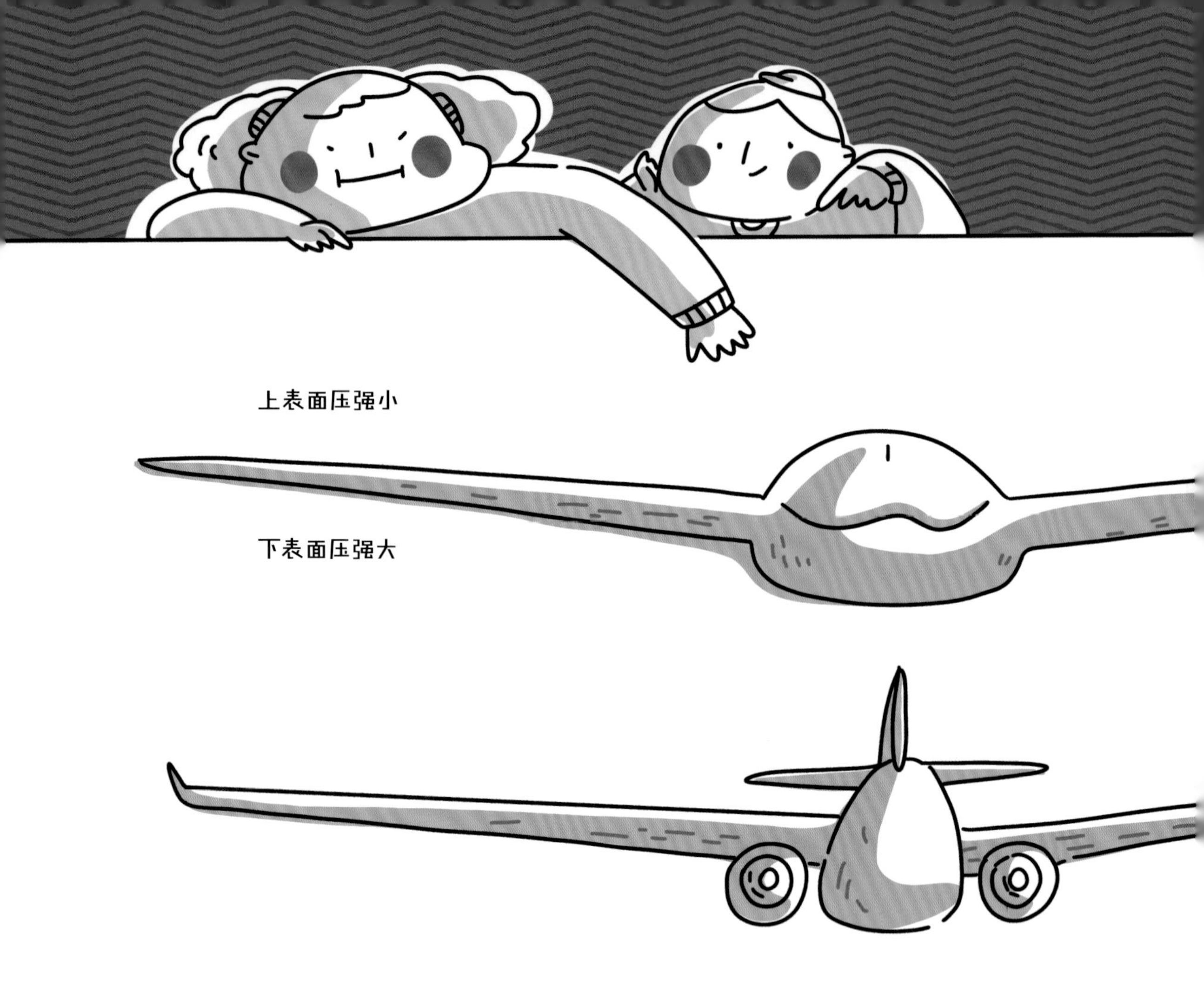

● 翼梢小翼

有些飞机的机翼外端设有翼梢小翼，这个看似装饰物的装置却能使飞机节能高达5%。这是为什么呢？

原来，飞机在飞行过程中，气流会从机翼下表面绕过翼梢流到上表面，在机翼末端产生锥形的气流旋涡。我们知道，机翼的升力是其上下表面的压强差带来的，这种翼端涡流对阻力的影响虽然不是特别大，却减小了这一区域的升力。翼梢小翼相当于两只小翅膀，作用就是减小翼端涡流的强度：减少了气流从机翼下表面到上表面的流动，翼端涡流小了，飞机不再需要拖着它们前行，也就达到了节省燃料的效果。

机翼上的仿生学

- 现代飞机襟翼全部打开其实就和鸟类完全展开翅膀的效果类似。
- 飞机的前缘缝翼就像是鸟类翅膀上的小羽毛，可以自动抬起，形成缝隙，并根据飞行情况改变倾角。
- 翼梢小翼的发明也得益于大自然，比如老鹰在飞行过程中会向上偏折翅尖羽毛来增大升力，减少湍流。
- 如果仔细观察飞行中的鸟你会发现，它们在转弯时会将一只翅膀向内侧折叠，另一只翅膀完全展开，同时摇摆尾羽来控制方向与平衡。或许有一天，人类也能研制出像鸟类一样灵活、高效的飞行系统。

飞行动力探源

除了飞机等飞行器结构符合空气动力学等学科相关原理并借力而行以外，动力源也是让飞行器飞得高、飞得远、飞得久的一大决定性因素。就飞机而言，之所以能飞根本上靠的是向后或向下喷出高速气流来产生反作用力，而发动机作为动力核心，显然是人类探索飞行领域的关键。

往复活塞式内燃机－螺旋桨

早期飞机的动力由往复活塞式内燃机驱动螺旋桨提供，后来才发展出喷气发动机等类型的发动机。本质上，双叶或多叶的螺旋桨相当于一个或多个大鼓风机（旋转时带动气流）。通常来说，螺旋桨桨叶越大效能就越好，但受机身高度限制，桨叶不可能无限增大，使用巨型螺旋桨意味着飞机的结构需要做相应调整。

喷气发动机

让飞机飞得更高、更快一直是人类的目标。要想提高螺旋桨飞机的飞行速度，就要提高螺旋桨桨叶的旋转速度，但若飞行速度超过声速就会产生**声爆**，结果不仅损失了能量，还增加了噪声。于是，航空工程师开始考虑以喷气的方式驱动飞机，概括地讲就是让空气从进气道进入发动机，燃料燃烧使气体升温并快速膨胀，再以超声速的速度喷射出去，由此产生反作用力，推动飞机前进。

第二次世界大战期间，二冲程发动机的概念引入了喷气推进领域，脉冲喷气式发动机由此诞生。这种发动机的进气口装有金属百叶，它们在飞行过程中交替开闭，并产生巨大的轰鸣声。

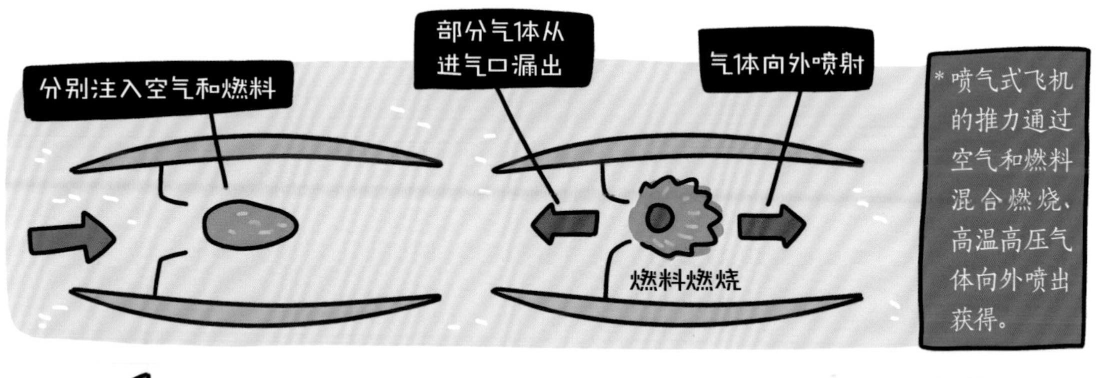

1	2	3
发动机启动后，高压气体吹开金属阀片，燃料进入，油气混合。	油气被点燃，气体快速膨胀，阀片受到压力而关闭，气体从排气管喷出。	燃烧结束后，燃烧室内产生负压，阀片被吸开，气体和燃料同时被吸入……

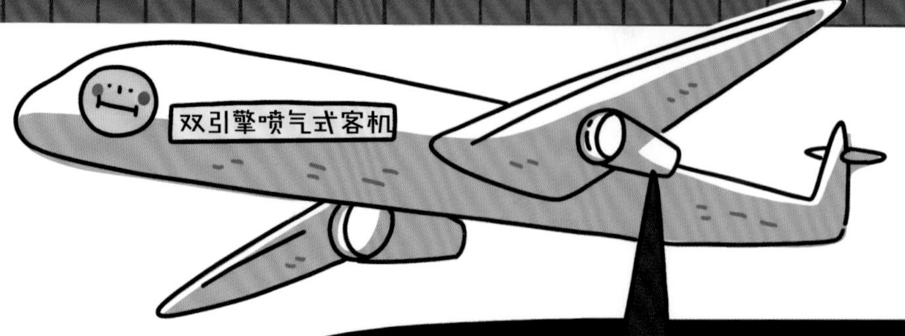

涡轮喷气发动机

人们发现燃烧气体产生的能量可以用于**涡轮机**的运行，而涡轮机又可以通过轴带动压气机。这就是涡轮喷气发动机的工作原理。压气机配有整套叶片，类似于螺旋桨，因为距离机壁很近，工作时叶片端部不会产生涡流，压缩效果更好。现代的涡轮喷气发动机基本以轴流式为主。

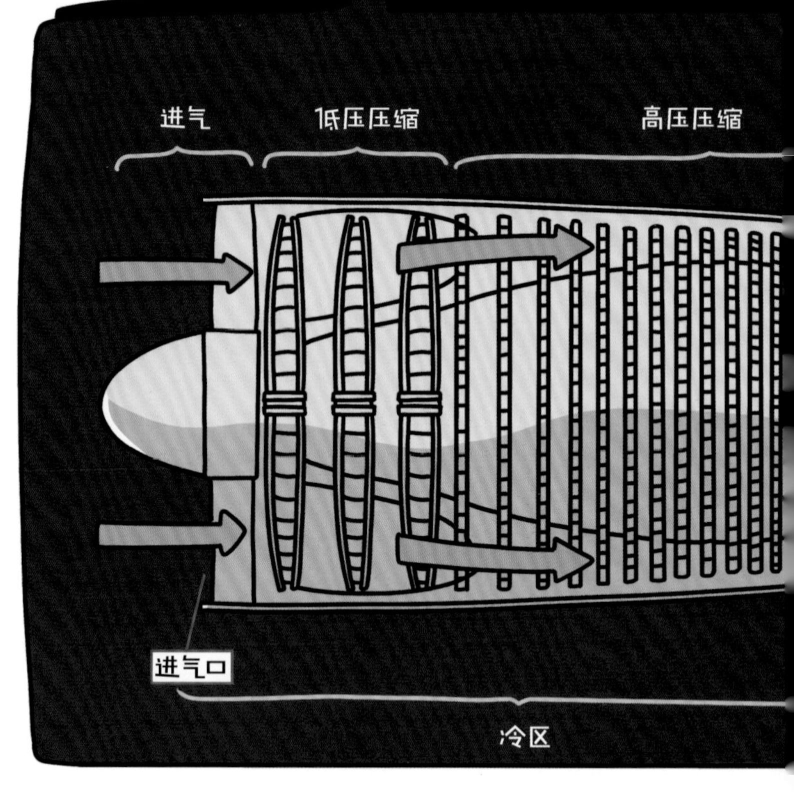

轴流式

涡轮喷气发动机

工作原理

① 空气经过压气机，被由定子叶片和转子叶片组成的多级叶片压缩。

② 高压气体经过狭窄的通道进入燃烧室与燃料（一般为煤油）混合燃烧，膨胀的气体快速流过涡轮，推动其高速转动。

③ 转动的涡轮又会反过来通过轴带动压气机压缩空气。

④ 高温高压气体经过喷管喷出，通过产生反作用力来为飞机提供动力。

压气机的涡轮叶片由定子叶片与转子叶片交错组成，定子叶片固定在发动机框架上，转子叶片由转子轴与涡轮相连。一对定子叶片与转子叶片称为一级，级数越多，压气机最后产生的压力就越大。今天的涡轮喷气发动机一般配备 8~12 级压气机。

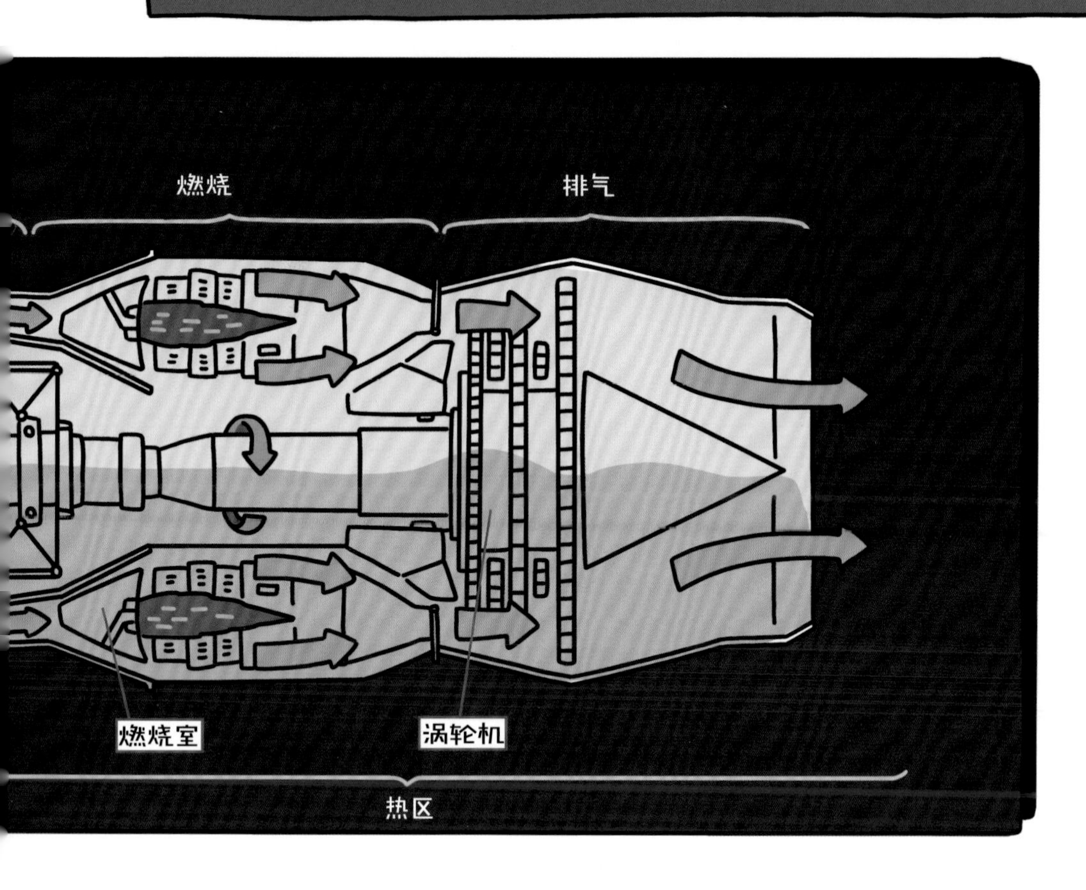

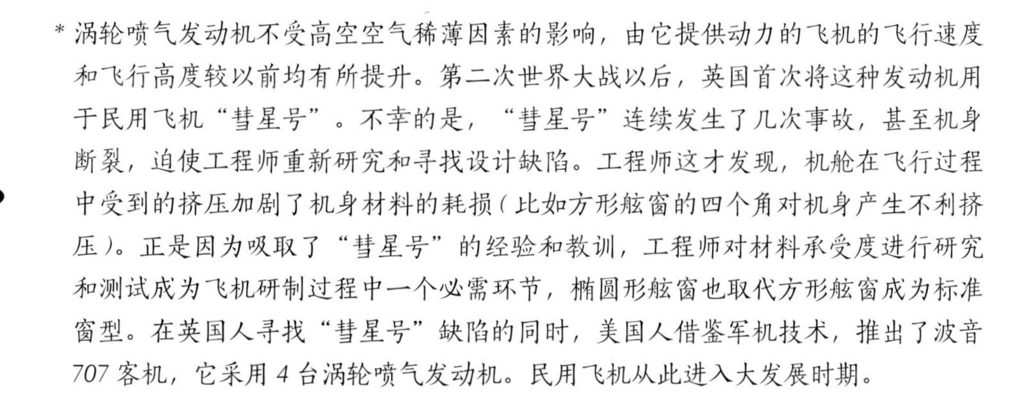

* 涡轮喷气发动机不受高空空气稀薄因素的影响，由它提供动力的飞机的飞行速度和飞行高度较以前均有所提升。第二次世界大战以后，英国首次将这种发动机用于民用飞机“彗星号”。不幸的是，“彗星号”连续发生了几次事故，甚至机身断裂，迫使工程师重新研究和寻找设计缺陷。工程师这才发现，机舱在飞行过程中受到的挤压加剧了机身材料的耗损（比如方形舷窗的四个角对机身产生不利挤压）。正是因为吸取了“彗星号”的经验和教训，工程师对材料承受度进行研究和测试成为飞机研制过程中一个必需环节，椭圆形舷窗也取代方形舷窗成为标准窗型。在英国人寻找“彗星号”缺陷的同时，美国人借鉴军机技术，推出了波音 707 客机，它采用 4 台涡轮喷气发动机。民用飞机从此进入大发展时期。

涡轮螺旋桨发动机

涡轮喷气发动机的推力源自进气口和排气口的气流速度差，喷嘴处的气流速度越大，产生的推力就越大，但由于燃烧的气体喷出的速度大于飞机本身的速度，总有一部分能量以涡流形式散失。所以从能量利用率来看，以中等速度喷射大量气体比以高等速度喷射少量气体更划算。因此，对中短程飞行（如速度不超过 700 千米 / 时、飞行高度不超过 7000 米）来说，使用涡轮螺旋桨发动机效率更高。

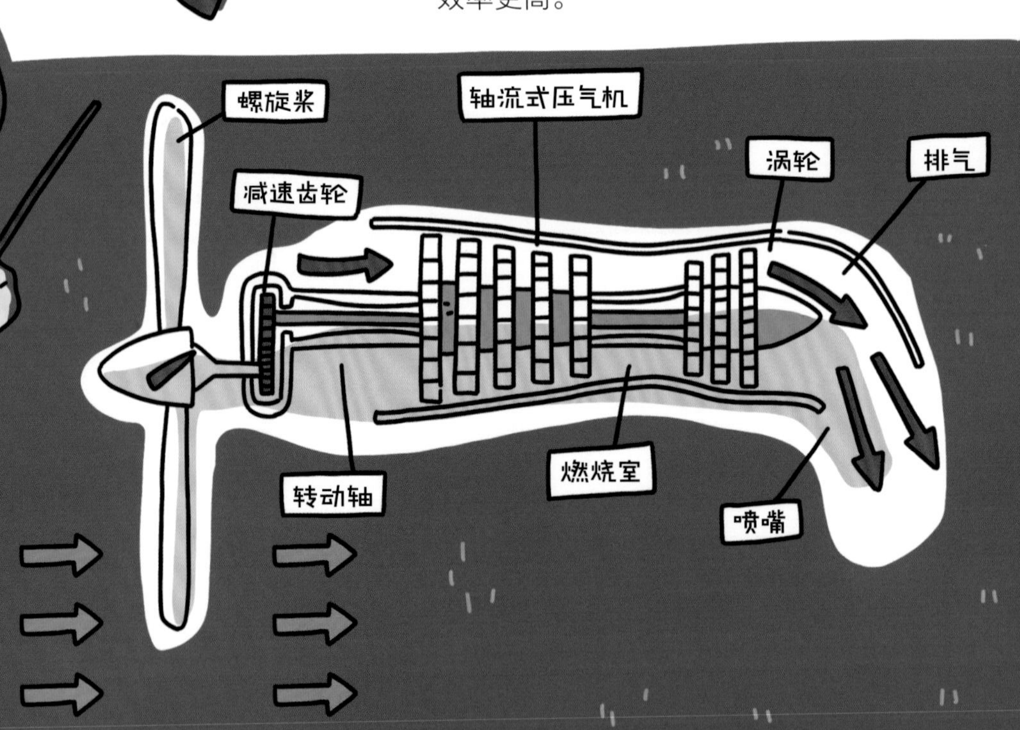

* 在涡轮螺旋桨发动机中，涡轮作为动力源带动螺旋桨旋转产生推力。

涡轮风扇发动机

可以将涡轮风扇发动机看成涡轮喷气发动机和涡轮螺旋桨发动机的结合体——涡轮螺旋桨发动机里裸露的螺旋桨被一个位于保护壳里、由众多叶片组成的鼓风机替代（消除了螺旋桨桨叶端头涡流造成的能量散失，提高了发动机的效率），经内涵道排出的内路气流与经外涵道到达发动机后部的外路气流同时或混合后喷出，共同推动飞机前进。

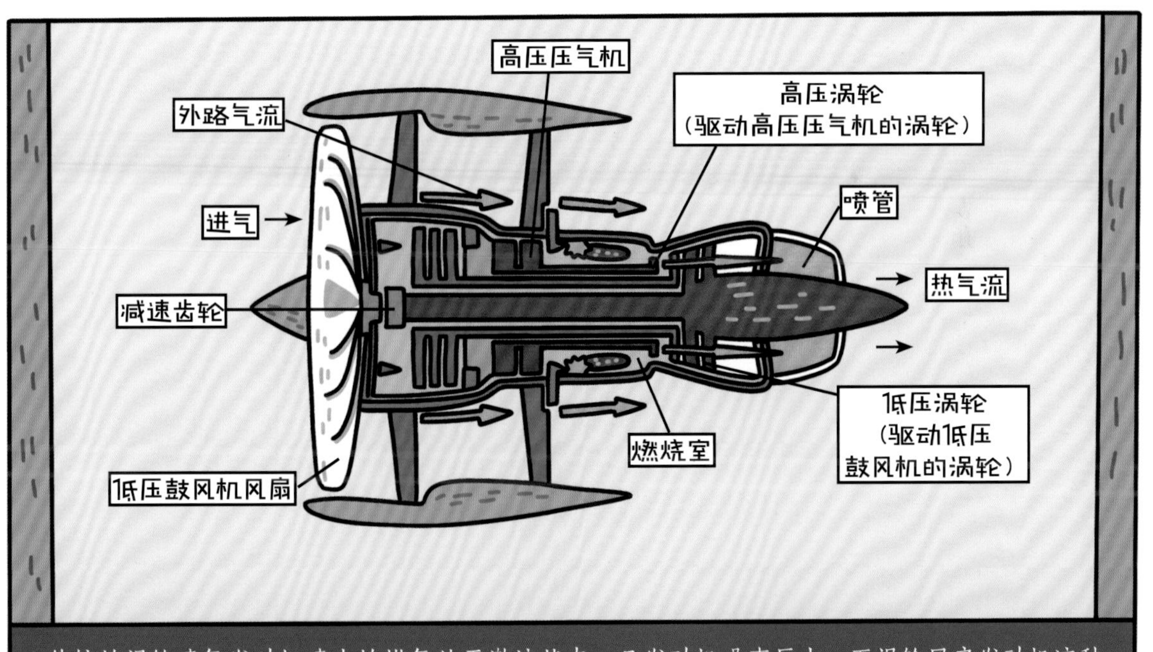

* 传统的涡轮喷气发动机喷出的燃气处于激流状态，且发动机噪声巨大。而涡轮风扇发动机这种双流式发动机向后喷气时，外路冷空气流将内路热燃气流包裹着，起到将噪声声波反射和散射的作用，降低了噪声。目前载客量最大的空客 A380 客机就使用了双流式发动机，它的鼓风机直径达 3 米。

第四章

破空而出

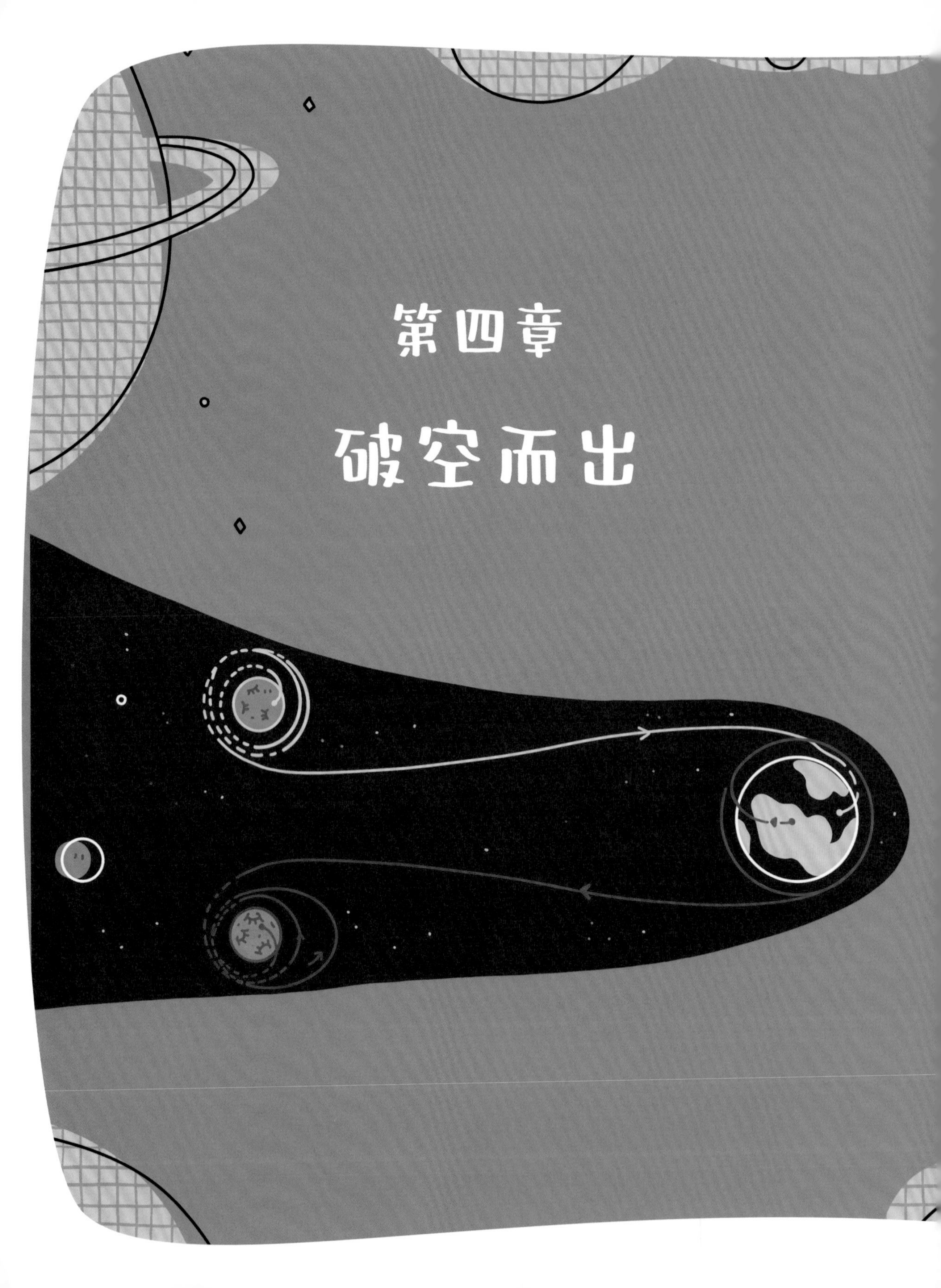

仅在一百多年前，八十天环游世界还只存在于人们的想象之中，

那时候有多少人相信人类能踏上地球以外的星球？

又是从什么时候开始，距离以光年计，

太空旅行不再是说说而已的空谈？

可不是么，人类总有办法——

发明液体燃料、太阳帆、离子推进器等，

利用它们进行空间探索，

把好奇心、求知欲和勇气作为推进器，

以最大“比冲”突破天际，

演绎人类的太空漫游记！

航天器，发射！

相比能及时加油的车辆或飞机，航天器是一类更加特殊的运载工具，通常指已经脱离将其推向太空的运载火箭、在地球大气层以外的宇宙空间按照天体力学规律运行的各种飞行器。一旦进入太空，航天器就要在特定位置执行各种任务，接受各种指令，并把侦测到的信息发回地球。其间，它们要凭着有限的燃料在太空中航行数月、数年乃至数十年之久。

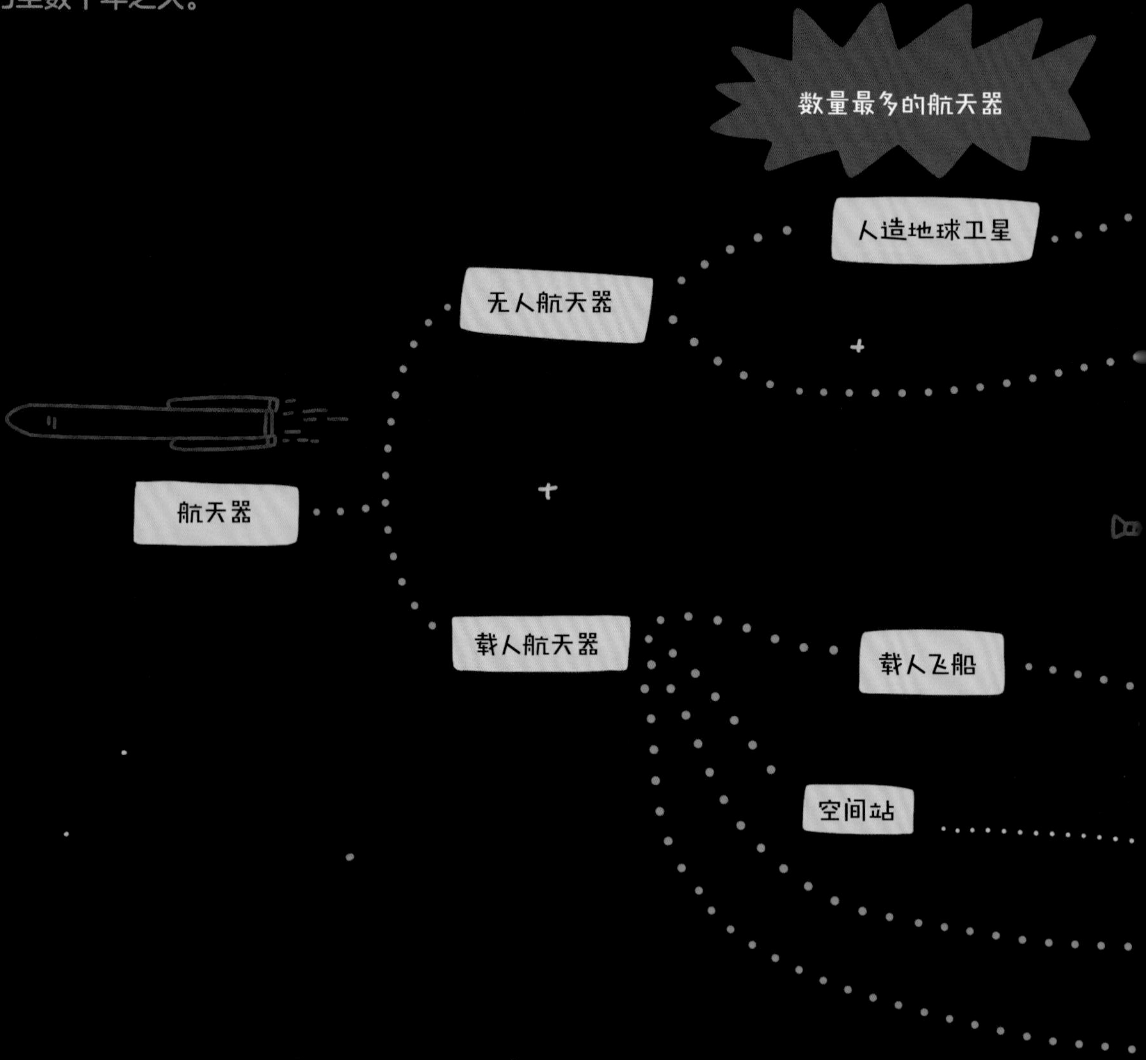

数量最多的航天器

航天器

无人航天器

人造地球卫星

载人航天器

载人飞船

空间站

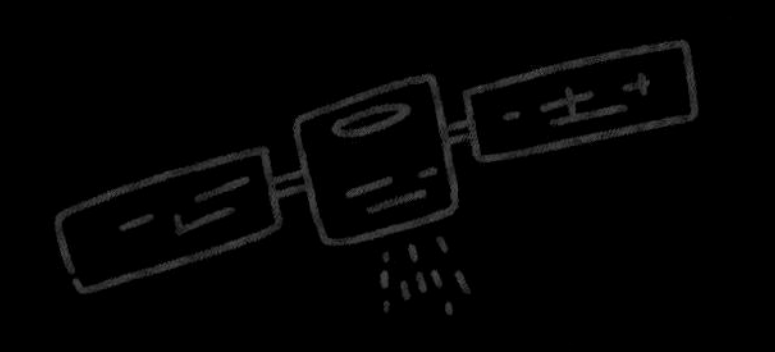

* 从 1957 年 10 月 4 日苏联人造地球卫星“卫星 1 号”成功发射进入轨道以来，已经有数千架不同种类和功能的航天器被人类送上太空。

科学卫星

应用卫星

技术实验卫星

空间探测器

月球探测器

行星和行星际探测器

* 以太空各种天体和空间为探测目标。

人造地球卫星式载人飞船

登月载人飞船

行星际载人飞船

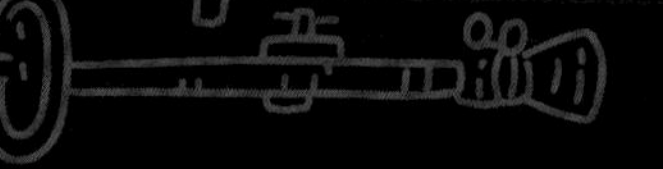

* 供科学家开展科研活动。

航天飞机

* 穿梭于地球和空间轨道之间。

空天飞机

* 即航空航天飞机。

在轨绕行

航天器绕目标天体周而复始运行的轨道，有的呈圆形，有的呈椭圆形。不论沿哪种轨道绕行，航天器只要在轨绕行，都由相应天体的引力驱动，几乎不用消耗自身携带的燃料。可以说，进入轨道给了航天器“偷懒”的机会。因此，在发射前确定最佳发射时机，可以使航天器高效地访问目标天体。航天工程师依据精确的测量数据和复杂的计算，使航天器主动进入目标轨道，尽可能地缩短航天器需要消耗燃料的自主飞行时间。

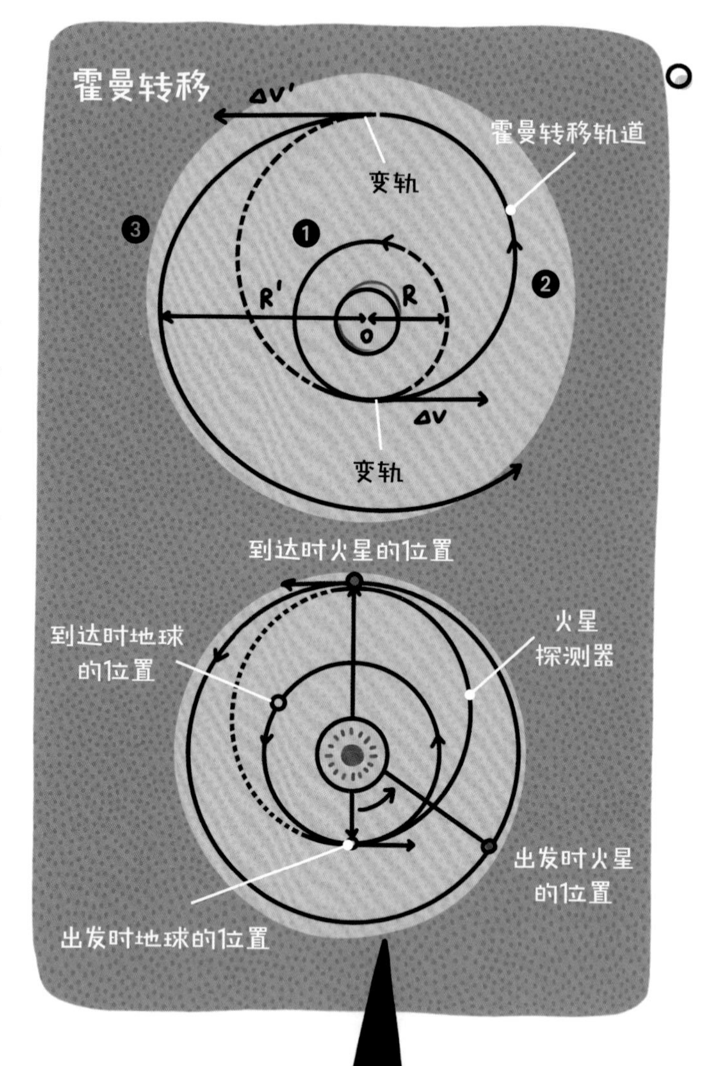

霍曼转移：一种常用的“借力”方法

如果航天器的目标轨道是3号轨道，航天器可先在离星球表面相对近的1号轨道借助引力飞行，到达1、2号轨道交点处时加速并变轨进入2号轨道，再借助引力继续飞行，到达2、3号轨道的交点处时再次加速并变轨，最终进入3号轨道，借助引力稳定地长期绕行。经过这番精巧的设计，航天器在飞行的过程中，只要在两小段飞行区间获得推力，就能通过在轨道间切换进入目标轨道。人类已经利用霍曼转移原理向火星发射了探测器。

轨道设计

有些航天器的运行还包括大段不需要任何动力的匀速运动（前提是四周没有大型天体）。为了节省能源并缩短航天器的行程，航天工程师会根据具体的航天任务和太阳系各大天体的运行规律，并综合考虑天体引力（或充分利用，或避开其影响），精确测算出耗时、耗能较少的轨道。航天器每一秒、每一个位置上的运行状态以及每一次变轨，都经过工程师的预先考量并受到实时监控。

在理想状态下，航天器进入一个稳定的轨道后，就不必调用自身燃料了。但不要忘了，太空并非空无一物，总有些小天体或宇宙尘埃随时有可能带来麻烦。对近地轨道卫星而言，周围还存在空气阻力。因此，为了防止意外发生，航天器必须携带备用燃料。在远距离飞行中，航天器如果遇到小天体撞过来等意外情况，需要主动躲避并返回原始轨道，而这都需要燃烧燃料以启动自身的推进系统。

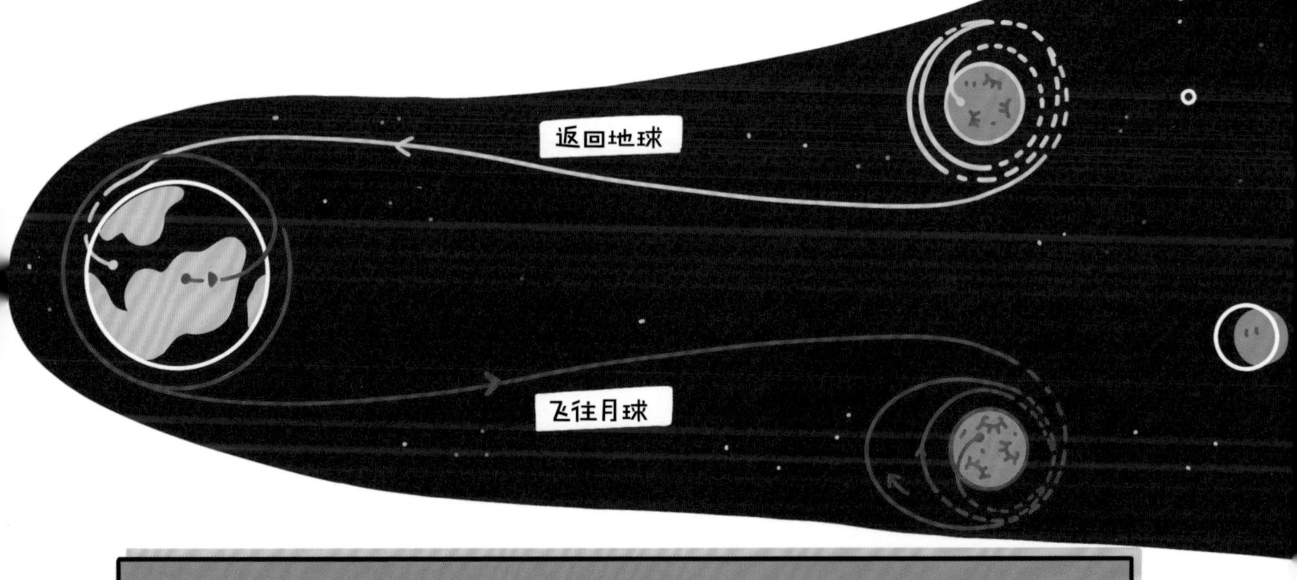

* “阿波罗号”在飞离地球的过程中经历了数次变轨，并不断丢掉前一阶段用完的设备，轻装上阵。此后，为了节省燃料，飞船不得不绕月球飞行若干圈，经过数次变轨才减速降落在月球表面。完成任务后，飞船再次绕月球飞行数圈，经过数次变轨挣脱月球引力，投入地球的怀抱。

推进剂与动力

航天器上有很多复杂的科学仪器，如果载人则需要携带更多东西：相关物资、生命保障系统等。因此，航天器要想进入预定轨道，以及在进入预定轨道后正常运行、顺利执行任务，能源是关键。目前常用的推进剂按物态可以分为液体推进剂、固体推进剂和固液混合推进剂——原理都是将推进剂的化学能转化为推进器的动能。

火箭推进剂

对火箭而言，液体推进剂往往比固体推进剂**比冲**更大，这意味着用更轻的液体推进剂可以运载更多的装置。换句话说，如果火箭能承装更多推进剂，总的推力就更大。在所有液体推进剂中，液氧－液氢又是比冲最大的，但由于它们沸点极低，对制冷要求很高，所以无自身制冷装置的火箭只能在快要发射时（通常在发射前一天）将液氢和液氧灌注到燃料罐中。固体推进剂相对来说挥发性更小、密度更大，可长期储存，但在运输、装填过程中容易出现意外。

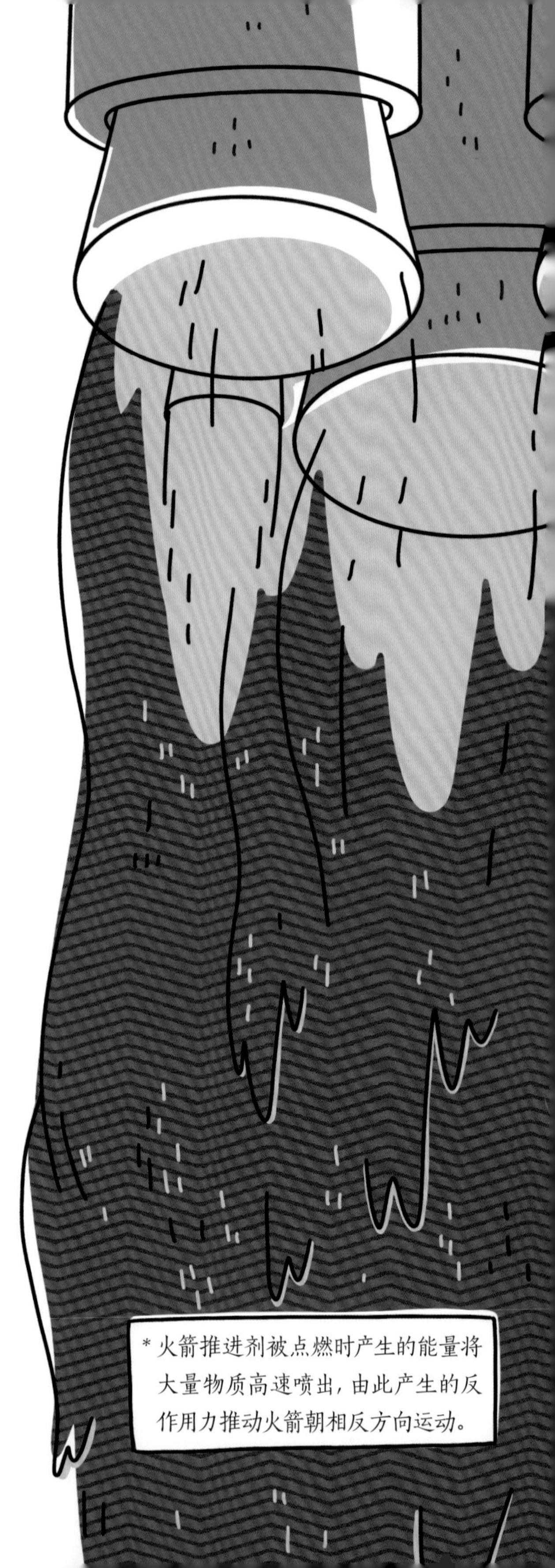

* 火箭推进剂被点燃时产生的能量将大量物质高速喷出，由此产生的反作用力推动火箭朝相反方向运动。

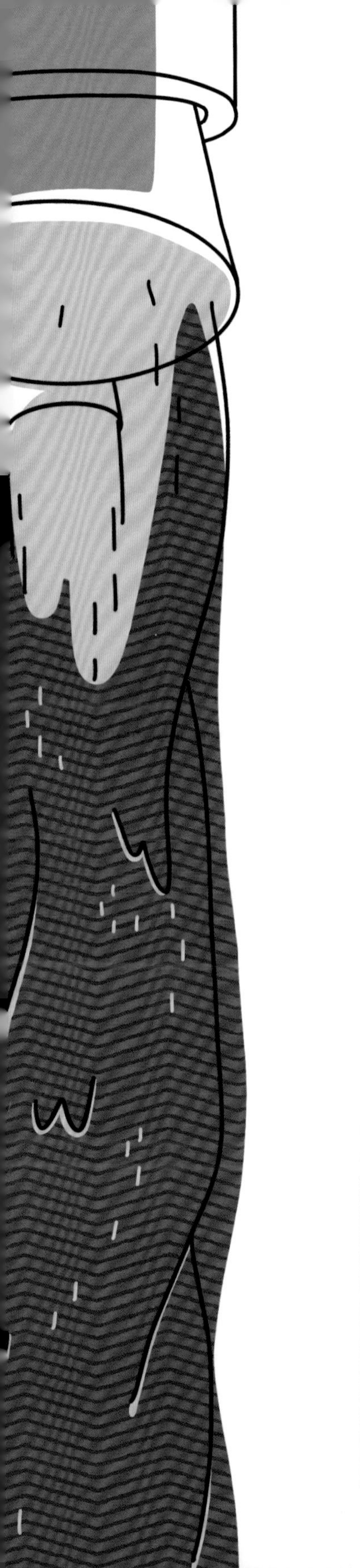

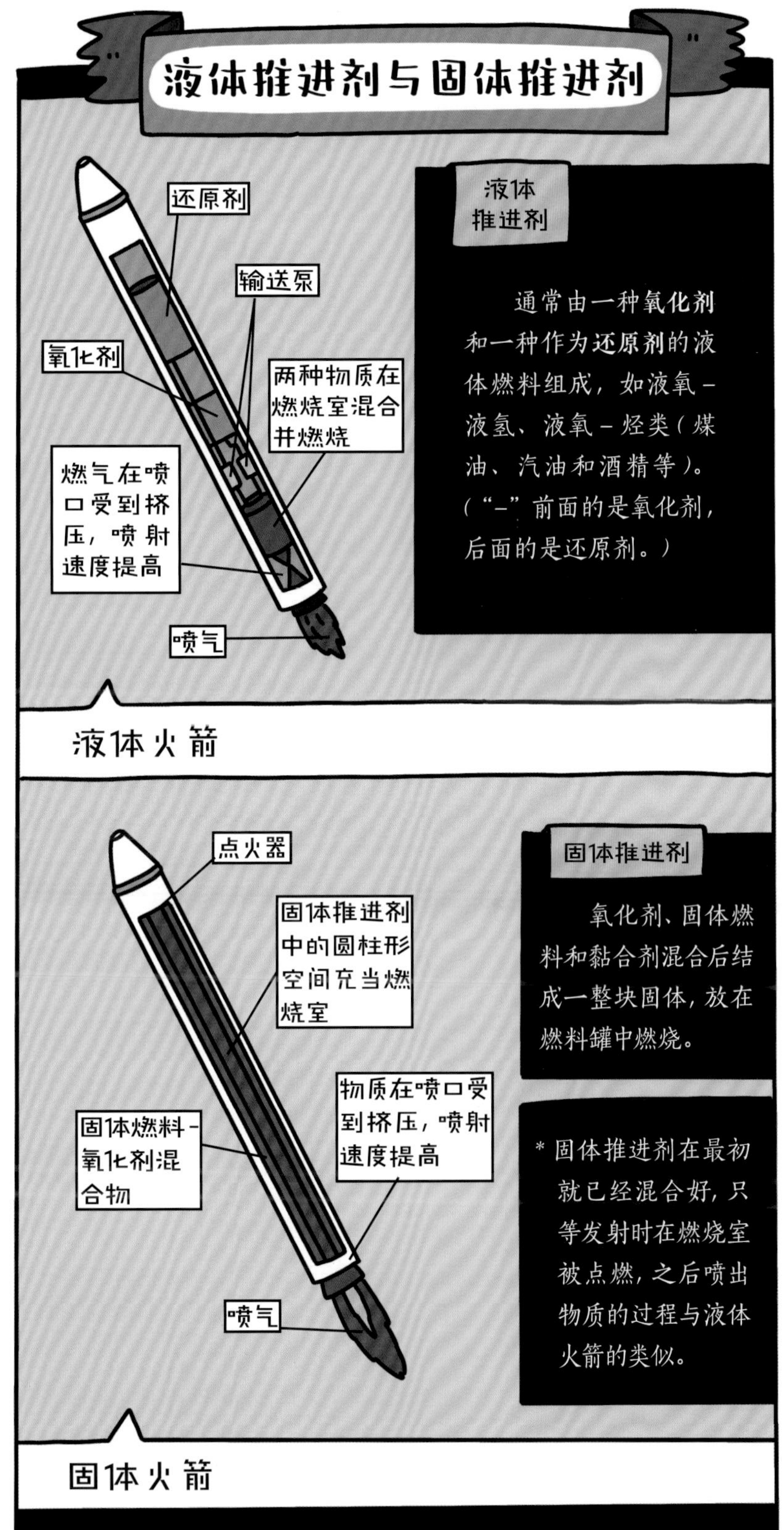

液体推进剂与固体推进剂
还原剂
输送泵
氧化剂
两种物质在燃烧室混合并燃烧
燃气在喷口受到挤压，喷射速度提高
喷气
液体推进剂
通常由一种氧化剂和一种作为还原剂的液体燃料组成，如液氧－液氢、液氧－烃类（煤油、汽油和酒精等）。（“－”前面的是氧化剂，后面的是还原剂。）
液体火箭
点火器
固体推进剂中的圆柱形空间充当燃烧室
固体燃料－氧化剂混合物
物质在喷口受到挤压，喷射速度提高
喷气
固体推进剂
氧化剂、固体燃料和黏合剂混合后结成一整块固体，放在燃料罐中燃烧。
* 固体推进剂在最初就已经混合好，只等发射时在燃烧室被点燃，之后喷出物质的过程与液体火箭的类似。
固体火箭

调整角度去月球

几乎所有采用化学推进剂的航天器都与火箭发动机一样，要先储存一定的氧化剂和还原剂，并在需要时引燃，由此产生巨大的反作用力驱动航天器前进。运用这一基本原理，人类得以展开各种“飞天”计划，比如登月。

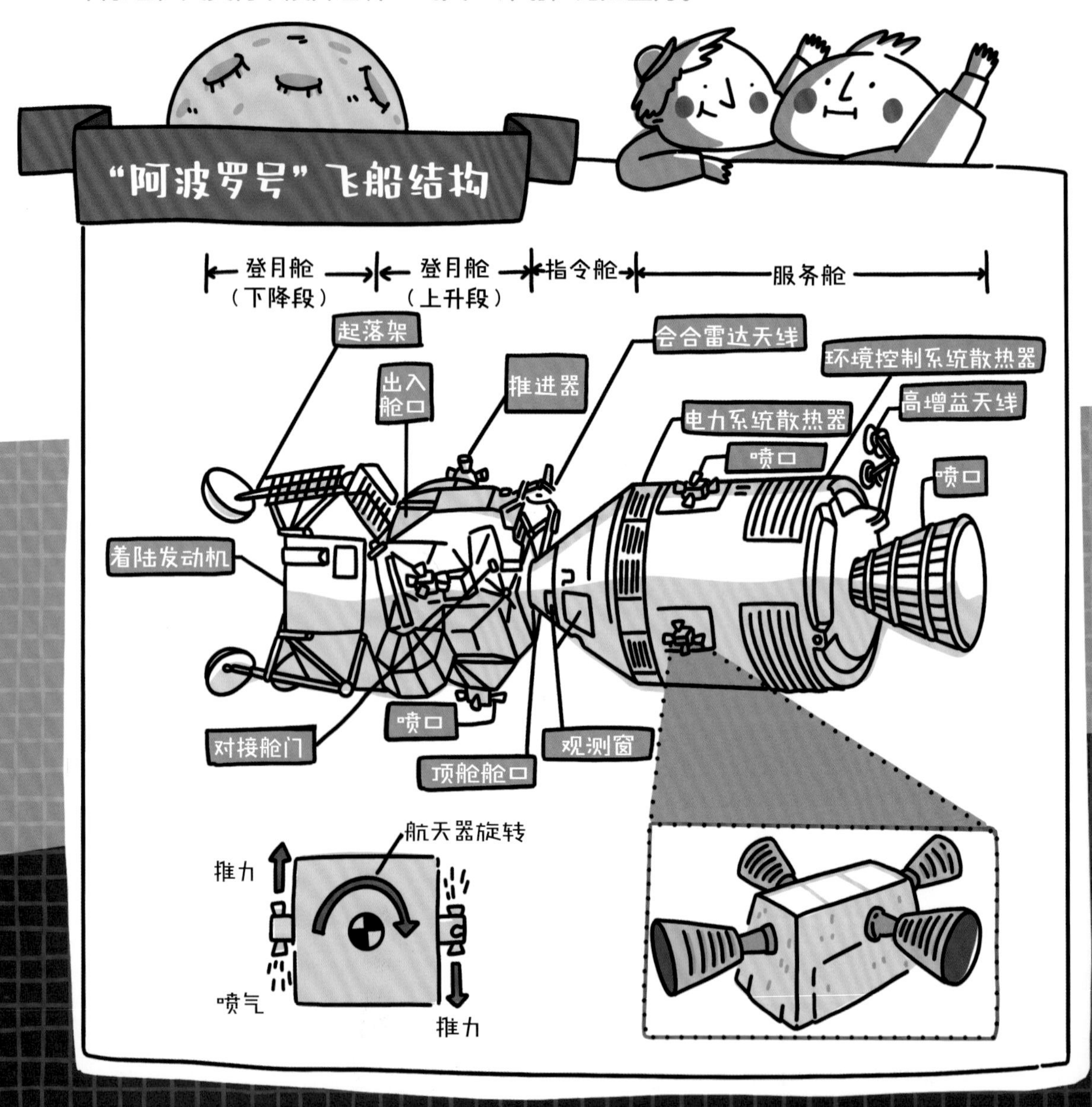

以精确角度，推进！

所有航天器都有一个主推进器，该推进器尺寸最大且能以最大推力控制整体方向。执行人类登月任务的“阿波罗号”的推进系统在不同方位装有多组尺寸不一的喷口，用于精细调节航天器的转动方向：每组喷口由 4 个十字排列的小喷口组成，配备独立的燃料罐和储氧罐；宇航员根据需要开启相应的喷口，让一定量的反应产物喷出，从而向航天器施加相反方向的推力；航天器靠这一反作用力（力的大小取决于喷出物的速度和密度）朝预定方向前进。此外，“阿波罗号”登月舱配有起落架，它们能像脚一样使航天器立在月球表面。要想让“脚”着地，宇航员也需要通过喷口调节方向。

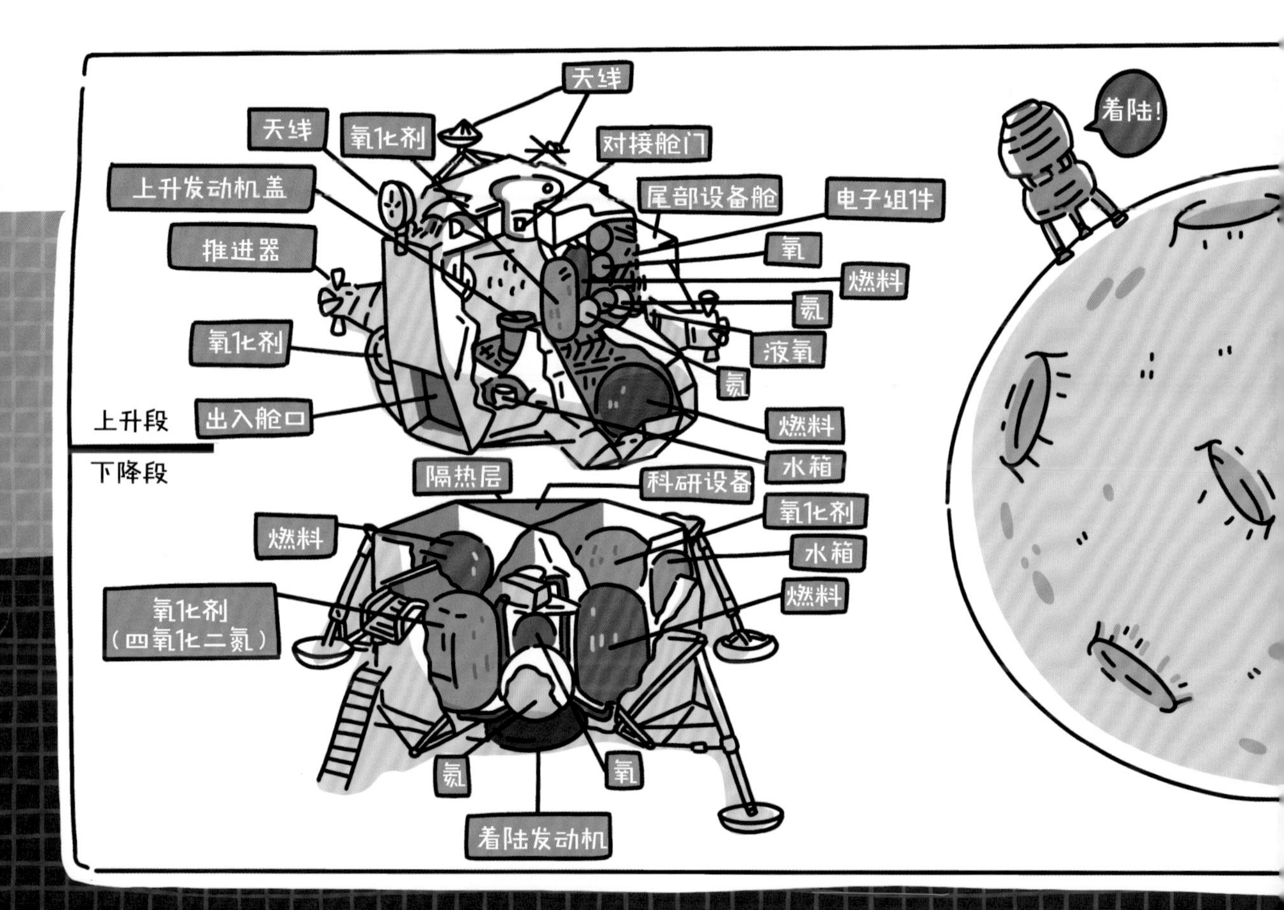

*“阿波罗号”登月舱由下降段与上升段两部分组成：下降段负责减速制动进入落月航线及软着陆，降落在月面后上升段舱门打开，宇航员通过舷梯踏上月面展开工作。

离子的太空漫游

借助运载火箭进入太空后不久，人类第一架小行星带探测器“曙光号”进入环灶神星轨道。一段时间后“曙光号”再次启程，进入环谷神星轨道，并从多个角度观测这颗**矮行星**。如此复杂多变的旅程靠一般的化学推进器是不可能实现的，倒是推力小但持久、高效的离子推进器助它完成了这一壮举。

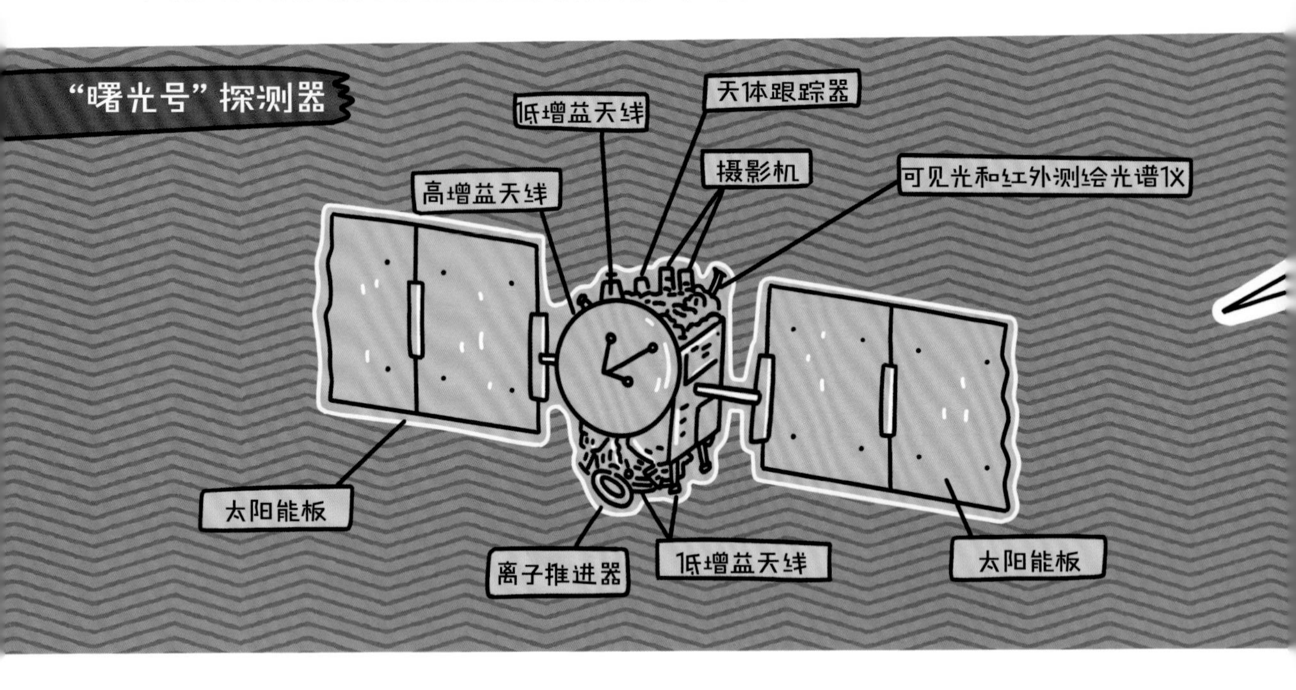

离子推进器

在无可凭依的太空中，向后喷射物质、靠反作用力推进基本是航天器唯一可行的前进方式。在传统的化学推进器中，提供反作用力的物质和驱动物质高速喷出的能量都由推进剂（燃料和氧化剂）燃烧提供。而离子推进器的工作原理有所不同，它携带的推进剂不能燃烧，唯一的作用就是被喷出去，提供反作用力。这是怎么做到的呢？首先，离子推进器通过自身携带的电池或航天器（比如“曙光号”）上的太阳能板获得能量。接下来，推进器利用获得的能量把推进剂原子上的电子剥离，让原子变成离子并高速射出。

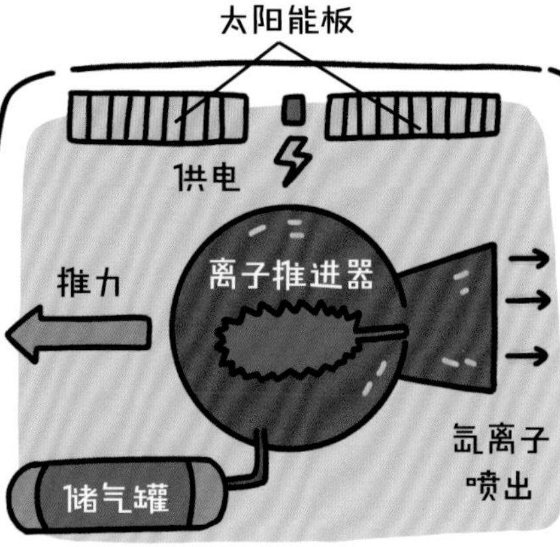

太阳能板
供电
推力
离子推进器
氙离子
喷出
储气罐

* “曙光号”上的太阳能板可以将太阳能转化成电能存储于电池中，为航天器供能。航天器携带的储气罐为推进器提供氙，氙在推进器中被电离成氙离子，然后被加速喷出。

从科幻到现实

虽然离子推进技术在应用方面算是一种较新的技术，但有关它的设想由来已久。早在1911年就有人提出：在接近真空的环境中，航天器可以靠喷射经电离的空气来获得动力。但在那个连化学推进器都尚未发展起来的年代，离子推进器根本无法进入可以真正发挥作用的真空环境。这种设想也只能停留在纸面上或科幻小说中。

直到1959年，世界上第一台离子推进器才诞生。1964年，搭载离子推进器的火箭进行了亚轨道飞行（飞行高度高于卡门线但不能进行环绕运动）测试。此后，离子推进器开始用来帮助一些卫星调节姿态或维持轨道。1998年，“深空1号”探测器成为第一个以离子推进器为主要动力的航天器，测试了包括离子推进器在内的多种行星际飞行技术，还成功拍摄了第一张彗核近照。

离子推进器喷射离子的速度可以达到 90000 米 / 秒，而搭载航天飞机的化学火箭喷射气体的速度只有 8000 米 / 秒。离子推进器对推进剂的利用效率远胜化学推进器，但射出的离子很少（不像化学推进器那样能迅速喷出大量气体），因而所产生的推力实际上非常微弱。比如“曙光号”的离子推进器工作一天只能喷出 280 克氙离子，所产生的推力不足以把航天器从地表送入太空，航天器飞入太空还是要靠化学推进器。不过，离子推进器虽然推力小，但可以长时间运行，使航天器持续加速。最终，离子推进器所起的作用将超越只在一开始短暂加速、旅程中多数时间都在无动力飘游的化学推进器，从而让航天器获得很快的速度。而且，由于效率更高，要使航天器达到同样的最终速度，离子推进器需要的推进剂远远少于化学推进器。

推动离子加速的方法

制造离子并让它们以每秒数万米的速度喷射出去的方法有很多。“深空1号”和“曙光号”用的是栅极离子推进器。这类推进器里面有一个空腔——电离室，内置空心阴极放电管，在放电管发射电子的同时，推进剂从电离室后端注入。放电管发射的每一个高速运动的电子都会轰击一个中性推进剂原子，使每一个原子都释放出一个电子，于是就有了n个正离子和2n个电子。电子在强磁场的控制下继续在电离室中轰击原子，使更多的原子电离。这一过程就是“电子轰炸”。

栅极离子推进器是用静电力使离子加速的。电离室的尾部有两层栅格电极，前面一层带正电，后面一层带负电，两层电极之间有极高的电压。在由此产生的强大电场作用下，正离子从栅格的空隙中高速射出。理论上，影响离子速度的只有两层栅格电极之间的电压。

离子推进器因为发射出大量正离子，所以必须抛掉等量带负电的粒子，否则推进器将带负电，把射出去的离子再吸引回来。推进器尾部一侧通常还装有一个空心阴极放电管——负责把带负电的电子丢掉，因此它也被称为“中和器”。

栅极离子推进器工作原理

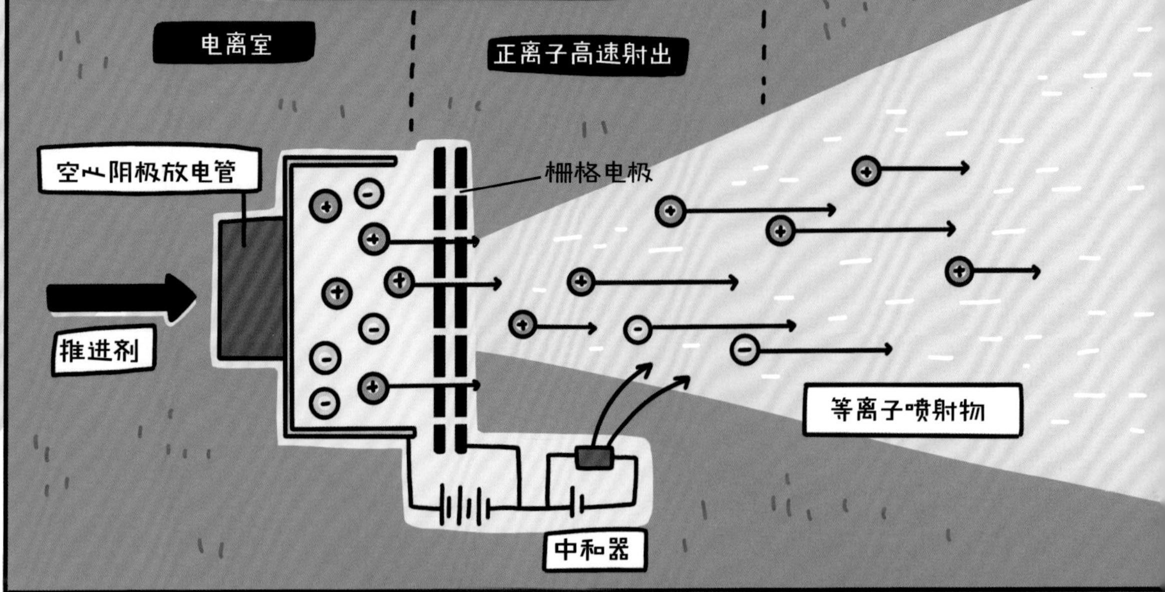

* 空心阴极放电管发射电子，电子高速飞向带正电的栅格电极，途中轰击中性推进剂原子，使其释放出电子，让更多的中性原子电离。电离室尾部的两层栅格电极之间有极高的电压，正离子在强大电场的作用下从栅格空隙中高速射出，产生推力。

霍尔效应推进器

另外一类常见的离子推进器是**霍尔效应**推进器。这类推进器的电离室是个环形空腔——中心和外侧都有电磁铁，它们在空腔中形成放射状磁场。从推进器尾端的负电极发射出来、向前端正电极运动的电子会在磁场作用下环绕空腔运动。注入空腔的推进剂原子因被电子撞击而电离，产生的正离子在两个电极间的电场的作用下向后高速射出，推力由此产生。

离子推进技术的应用

1 精准调节运行轨道

如今，越来越多的深空探测器选择了高效率的离子推进器。在一些人造地球卫星上，离子推进器也变得越来越常见，这些卫星利用离子推进器改变运行轨道，或在寿命将尽时由离子推进器推入大气层，以防变成太空垃圾。

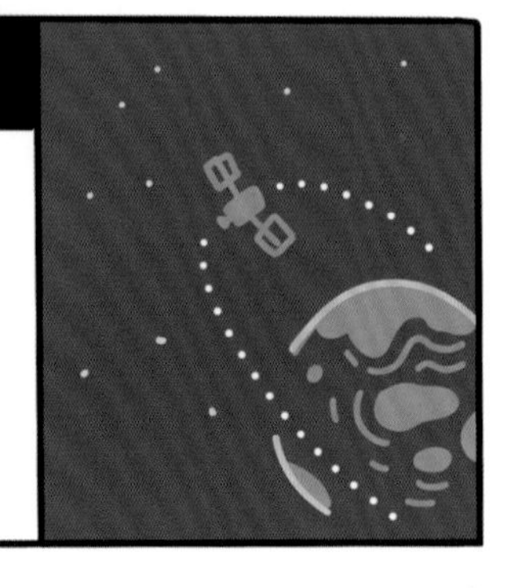

2 协助探测引力波

在某些场合，推力小反而成为离子推进器的优点，比如小推力可以做到精准调节，而这正是那些对位置精度要求极高的航天器所需要的。为了探测频率更低的**引力波**，航天工程师正计划在太空开发引力波探测项目，例如美国宇航局和欧空局合作的空间激光干涉仪、中国的天琴计划。这些项目都需要测量不同探测器之间微弱的空间波动，从而捕捉引力波。因此，各个探测器必须尽量保持不动，此时离子推进器就成为最好的选择。

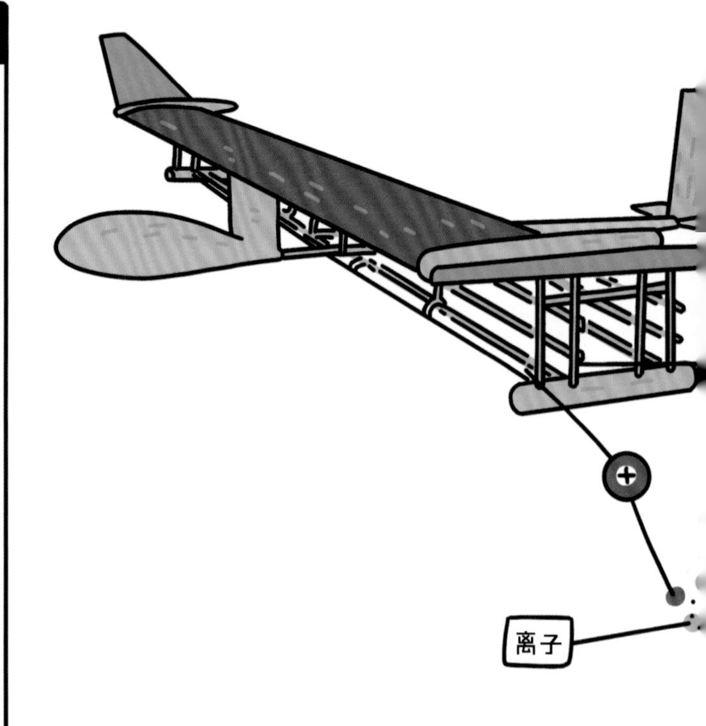

❶ 通电后，空气中的氮原子电离，变成氮离子。

应用于离子风飞机

通常来说，离子推进器只能在真空中工作，但有人设计出了一种能利用离子在空气中飞起来的飞机。这种飞机机翼前后各有一列电极，前面的电极带正电，后面的电极带负电，两者之间的电压达 4 万伏。空气中的氮原子被电极之间的强大电场电离，带正电的离子向后运动，撞击并带动空气分子一起运动，形成离子风。飞机“借风”以 17 千米 / 时的速度平稳飞行。这种离子风飞机没有任何运动部件，飞行时特别安静。

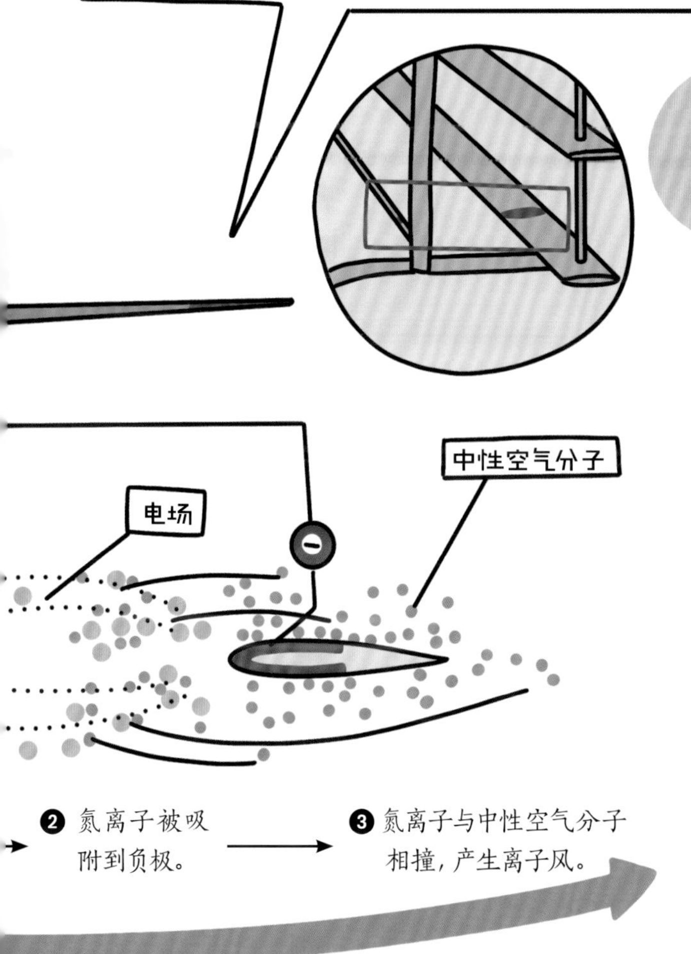

4 未来探空

毫无疑问，人类未来的空间探索任务也不能缺少离子推进器。一些科学家和工程师正在研究利用离子推进器把人类送上火星的方案。这类推进器可能需要核反应堆来供电，可以把地球到火星的航行时间缩短到 9 个月以内。甚至还有人设想在地球上发射激光，照射光伏电池板为离子推进器供能，送飞船前往浩瀚宇宙的更深处。

从今天去未来

除了已知的化学推进和离子电推进方式，航天器的推进方式还有几十种，有些已经经过试验验证，有些则在理论上被证明可行。在可预见的未来，太阳光压动力系统和核动力系统将成为两类极具开发潜力的航天推进系统。

太阳帆

太阳帆又叫光帆，由轻而薄的高分子塑料薄膜制成，表面涂满了反射物质，反光性极佳。**光子**撞击光滑的平面会像乒乓球撞到墙上一样发生反弹，同时给被撞击物体以相应的反作用力。单个光子反弹所产生的反作用力极其微小，但在没有空气阻力的太空，如果撞击物的面积足够大，产生的反作用力就相当可观了。根据这一原理，假定太阳帆直径 300 米，面积 7 万平方米，理论上由光压获得的推力可使重达半吨的航天器在 200 天左右从地球飞抵火星。

太阳能取之不尽，因此太阳帆航天器不需要携带大量燃料，但缺点在于这样的航天器因能利用的光压有限只能承载很小的航天设备，而这样是无法完成复杂任务的。而且，太阳帆离太阳越远，驱动力就越小，若航天器想驶离太阳系，太阳帆迟早会失去作用。因此，相较于利用其他动力的航天器，太阳帆航天器的航行轨道和探索范围会受到限制。

* 与利用其他动力的航天器一样，太阳帆可以通过调节角度获得不同方向的推力来改变航天器的航行方向，只不过推力来自光压。

核动力推进

以核动力推进航天器有很多理论支持，其中一种理论是：利用核裂变产生热量，加热液氢等液体媒介，使其汽化后通过喷口定向喷出，以此为航天器提供推力。

核动力推进概念图

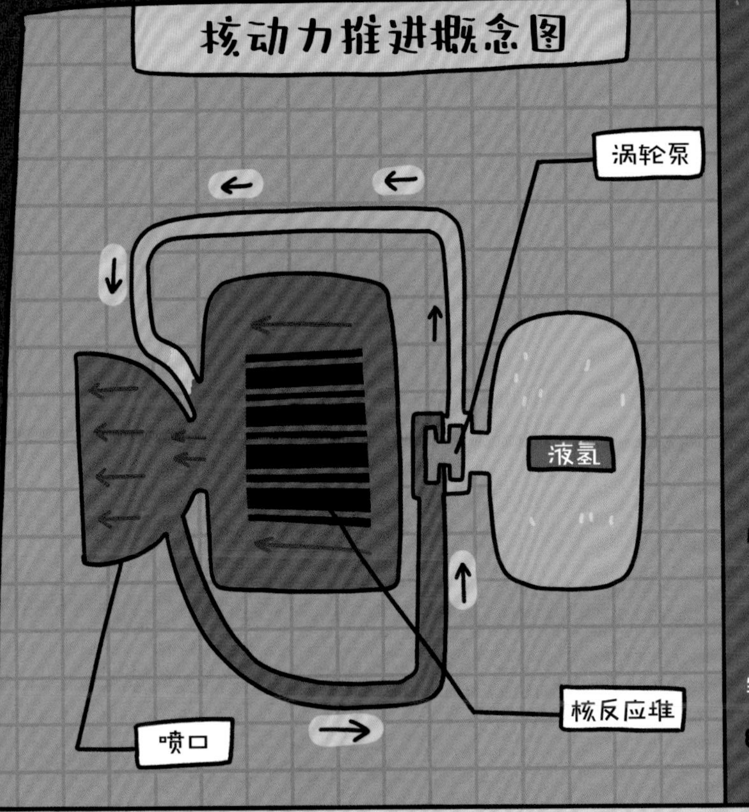

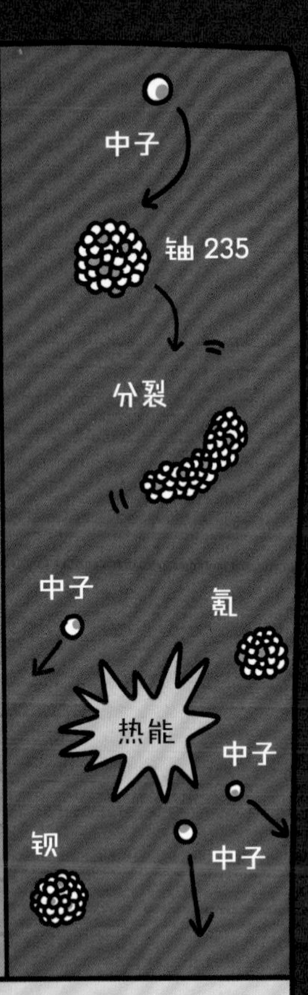

涡轮泵调节液氢进入冷却通道的速度。大部分液氢吸收核裂变释放的大量热量后汽化膨胀，由喷口喷出。

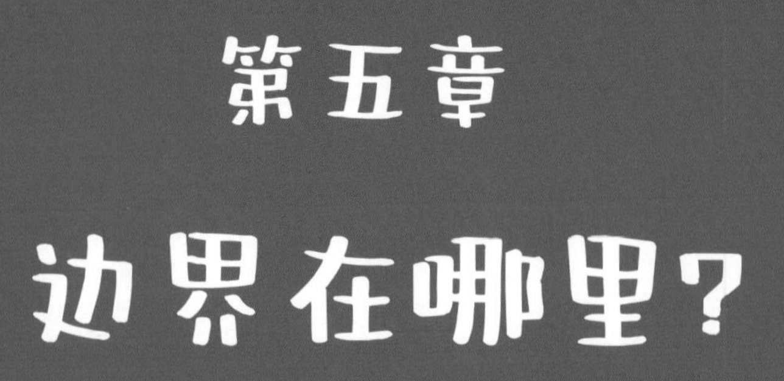

第五章
边界在哪里？

没有想象就没有创造。

因为天生好奇，因为敢于尝试，因为懂得规律、掌握技术，

想象力得以与智慧结合，人类因此从今天去到未来。

是的，没有奇思妙想就无法更进一步，没有异想天开就没有更自由，

想象力正将人类社会带往一个更好的地方，

一个不设边界的新世界，

当然是以更聪明、更理智、更强大的方式。

AI 司机来了？

自动驾驶汽车即无人驾驶汽车，简称“自驾车”。车中安装了以 AI（人工智能）系统为主的智能驾驶模块，在实现无人驾驶的同时尽可能地消除了对安全不利的人为因素。相比人类，自驾车具有 360° 全景视野，可以使用各种设备持续进行大范围的感知探测，能对潜存危机做出恰当反应，且反应更加迅速。但这意味着人将驾驶过程中的一部分或全部判断权和操作权交给机器，安全性有保障吗？它又是如何实现的呢？

自驾系统的智能支持

自驾系统的功能模块主要分为三大部分：感知（对行驶环境进行识别与理解）、决策（做出行动决定）和控制（进行行驶控制）。如果把自驾系统比作驾驶员，那么感知模块就相当于驾驶员的眼睛，用来识别周围的环境；决策模块相当于驾驶员的大脑，接收到眼睛看到的信息后决定该怎么处理；而控制模块则负责对车体机械部分进行控制，即将“大脑”的决定付诸实施。

人输入目的地后，自驾车就能找到安全、便捷、经济的路线。它可以通过检测周围物体、行人、交通信号灯等来了解道路状况，预测可能发生的故障或事故，提前做好预案。这就类似于有经验的驾驶员预判随时可能出现的危险情况，比如快到十字路口时注意是否有人突然出现在行进道路上。有时候，路况与车辆自身的复杂程度会超出驾驶员的掌控能力，而自驾车可以在 AI 系统的辅助下成功完成操作。

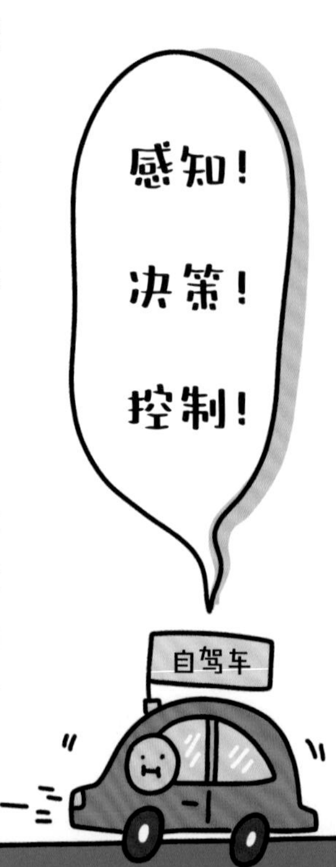

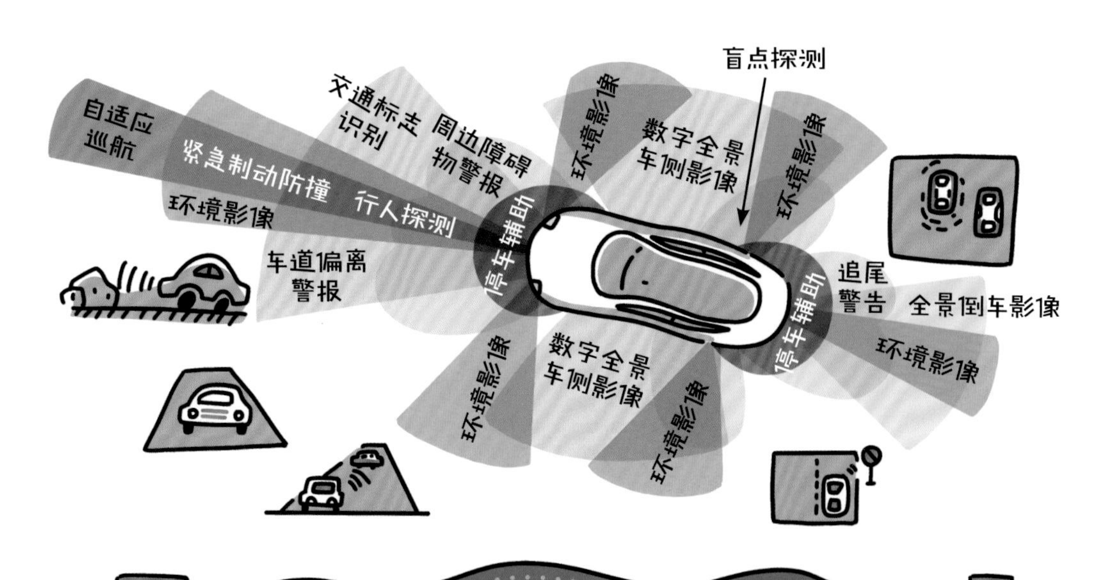

自驾车 AI 系统中的云结构

车载感测器搜集所有行驶数据，上传到云端的 AI 中心供其进行深度学习，创建仿真模型，然后模型软件又被安回自驾车上。再遇到类似情况，软件就会指示自驾车进行相应操作。

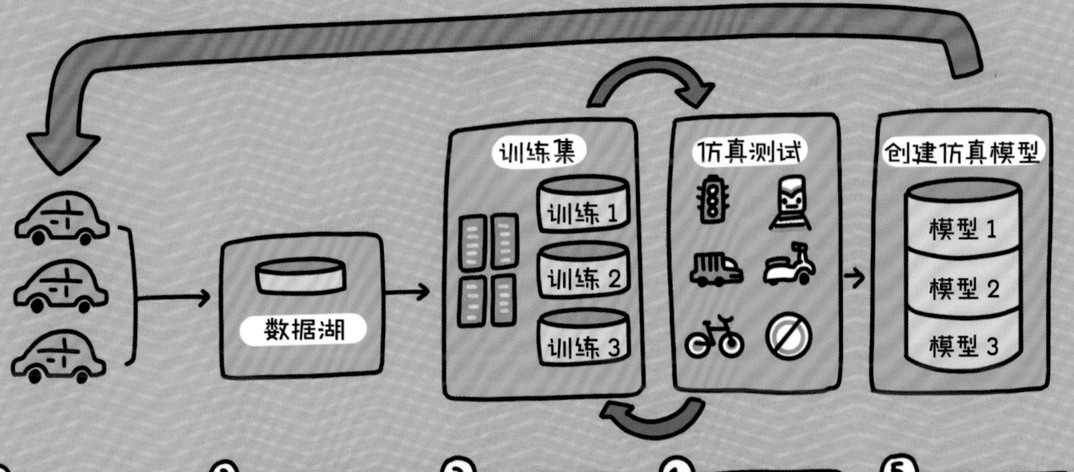

1. 车载感测器搜集所有行驶数据，上传到 AI 中心。
2. 数据经过分类被存储到相应的训练集。
3. 运算主机使用训练集中的数据进行深度学习。
4. 模拟各种驾驶环境，进行快速测试。
5. 创建车辆周围环境的三维综合仿真模型，制订相应的驾驶方案。

• 自动驾驶的等级

自驾车的感知和控制系统中有辅助、警报等系统，这实际上意味着汽车还未实现完全自驾，尚处于辅助自驾阶段。那么，怎样才算完全自驾呢？目前，自驾车的自动化程度被分为 6 级：0、1、2 级以驾驶员为主体，3、4 级以自驾系统为主体，5 级才是完全自动驾驶。

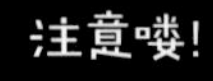

• 确保安全！安全！安全！

要想实现汽车完全自驾，最重要的就是解决安全性问题。人们可以从自驾系统的感知、决策、控制三大模块来考虑这个问题。感知模块作为系统的“眼睛”，责任重大，因此确保传感器的信号链畅通是重中之重。自驾车的传感器包括摄像头、激光雷达、微机电传感器、惯性测量单元、超声波和全球定位系统等。要想实现安全自驾，不仅要保证每个设备安全运转，还要保障由其组成的整个系统运行流畅，这样才能将数据信号准确提供给系统的“大脑”进行判断。

● 自驾车的 AI 伦理问题

自驾的安全性问题还涉及人将决定权交给 AI 系统以后可能产生的伦理问题。一切交给机器后，在面对伦理问题时，AI 系统会做出“正确”的判断吗？虽然自驾车的传感器技术非常可靠，且 AI 系统不会疲倦，不会走神，不会因为刮风、下雨、起雾而“看不清”，对各种可能发生的情况做了千万次的预演，备好了相应的方案，自动驾驶的安全性远高于人工驾驶，但是车辆及其行驶环境太复杂，变数太多，AI 算法和软件仍然有很多不明朗的地方。

我们仍然会对自动驾驶产生担心与恐惧，这实际上涉及 AI 系统的品质问题——源自 AI 算法固有的黑匣子特征。与传统的计算机算法不同，AI 算法不是由程序员编程设计的，而是 AI 系统在大量数据的基础上自行学习、建立模型后设计的。由于 AI 系统在学习—建模的过程中自动搭建的人工神经网络极其复杂，有些部分即使系统设计人员也无法解释和控制。

电车难题

电车难题是由英国哲学家菲莉帕·富特在1967年提出的思想实验：假设一辆失控的有轨电车正驶向一条绑着五个人的轨道，拯救他们的唯一方法是扳动道闸，让电车驶向另一条轨道；而与此同时，另一条轨道上也绑着一个人。如果此刻你是手握道闸的那个人，会如何抉择？是什么也不做，放任五个人因此丧生，还是主动扳动道闸拯救他们，但同时间接成为杀害另一个无辜者的凶手？

当自动驾驶技术逐步成熟，这一哲学假设便开始引发讨论。以往驾车面临不可避免的事故时，驾驶员通常出于本能做出反应，不会（或来不及）思考伦理问题。自驾车由AI系统操控，那些原来由人类本能处理的局面将交由AI算法来处理。自驾车该如何面对人命关天的问题？谁的安全应该放在首位？由此产生的伦理拷问和道德鞭挞，又该由谁来承担？

AI的伦理问题基本可以分为技术性与非技术性两类。如果说前者可以通过开发相应的工具（如可解释的AI、透明的AI、负责任的AI）来解决，后者或许有望通过建立相应的法规来获得社会认同。

更自由的开始

人类对解放双手、追求自由的探索从未停止。在有限的时间内做到越来越好，已成为当今社会各个领域的共识。提高效率意味着节省人力，从而促进人类进行更深入的探索，得以越来越快地发展。

比如民航领域，20 世纪 50 年代，驾驶机组成员包括 5 人：2 名飞行员，1 名飞行工程师，1 名无线电操作员和 1 名导航员；20 世纪 60 年代，不再需要无线电操作员和导航员；20 世纪 90 年代，不再需要飞行工程师。今天，正常航行状态下，每次飞行需要飞行员手动操控的时长只有 3~6 分钟，其余都交由自动驾驶系统来完成。那么，能否减少飞行员，或者实现无人驾驶航行呢？

超声速民用飞机？

"协和号"是由英法两国研制的超声速民用飞机，可以接近 2000 千米 / 时的速度飞行。1976 年，"协和号"投入服务的时候，不少人认为这是民航发展的方向。但是超声速冲击波带来的噪声巨大，"协和号"被一些国家禁止靠近市区飞行。作为豪华型客机，它的载客量只有百人左右（因此无法实现商业利益），再加上高油耗以及备受质疑的安全性问题，"协和号"被迫退役。

• 无飞行员民航客机

现代民用飞机装有飞行管理系统，它包括飞行管理计算机、自动飞行系统、导航系统和全球定位系统等。飞机自动驾驶就是用计算机控制，使飞机按照飞行原理自动运行，同时满足飞行各阶段导航要求。自动驾驶大大减小了飞行员的工作负荷，可以让他们集中精力处理其他与飞行安全相关的判断和决策工作，如观察交通、通话交流等。当然，无飞行员民用客机的实际应用还有很多技术问题需要解决，有很多潜在风险需要评估，比如一旦遭遇黑客利用无线电波远程入侵，飞机就可能被劫持。

有人设想，未来的无飞行员民用客机将采取“远程控制 + 飞机 AI 系统自动控制 + 网络大数据信息交互”的混合运行模式。最重要的是，当遇到**风切变**、雷暴、鸟撞机等特殊情况，无飞行员民用客机的操控权将在第一时间自动切换给专门的特情机组人员，由他们来进行远程操控。这样一来，未来的飞行员将无须像今天的飞行员那样花费大量时间学习各种专业、复杂的飞行技术，只要掌握某一特定类型的飞行操控技术即可。

宽体大飞机时代？

20 世纪 60 年代，航空旅行开始在欧美国家普及，航空公司希望拥有更大的飞机以满足日益增长的客运需求。1970 年，第一架有两条过道的宽体客机波音 747 投入服务，载客量达到 400 人。不少人因此认为宽体飞机是民用飞机的发展方向。但是，宽体飞机的使用和维护成本太高，普及难度大。有不少资深行业人士认为：民用飞机未来有可能回归更实用的中型客机，以降低油耗、提高舒适度作为竞争方向。巨型飞机会像超声速民用飞机那样退出历史的舞台吗？只有时间能告诉我们答案。

突破边界的试探

人类发明了能在陆地上行驶的车、能在水中行进的船、能在天空航行的飞机。除了寻求更快的速度、更大的承载量，人类还在不断创新，试图制造出能适应所有环境的运载工具——既能在地上“跑”，又能在水中“游”，还能在天上“飞”。虽然离造出“全能型选手”还有段距离，但目前已经有一些两栖运载工具在试行了。

● 水陆两用运载工具

道路状况在几百年前远远不如现代，尤其是河流附近，那里往往没有方便人过河的桥梁，人们需要能够穿越比较浅的小河的交通工具。事实上，发明水陆两用运载工具并不是现代人才有的想法。

遗憾的是，大部分两用车都仅仅是试制车，主要用于展示车的功能，比如不仅能在水陆通行，还能潜水等。

- 1588 年，一位意大利工程师设想了几种可以穿越水体、用于保护城堡的水陆两用战车，这是历史上已知的水陆两用车“雏形”。

- 1805 年，美国发明家奥利弗·埃文斯展示了他打算用来疏通河道的“两用挖掘机”：一辆装备了蒸汽机的木制小车，可以在陆地上行驶，遇到浅水区，启动车尾处的桨轮后就变成了可以下河的船！

- 20 世纪 60 年代，一款民用水陆两用车曾小批量生产。这款车类似于一艘装了轮子的船，驾驶员的座位和排气口位于高处，螺旋桨在保险杠下方，后排座椅下面是发动机。

要知道，陆地表面形态各有不同，有硬地表（硬土地、密实的沙地、草地、灌木丛等）、软地表（软泥地、泥炭地、流沙地等）和岩石地面等。水面也有液态、雪态和冰态等不同形态。因此，水陆两用运载工具与地面/水面的接触方式同样非常多样，有车轮式、履带式、摩擦式、蜗杆式、气垫式等。实际上，水陆两用运载工具是车与船的结合，能否设计成功取决于设计者对车、船功能的选择，一定程度上需要做出妥协。

车轮式

主要靠车轮行驶。

履带式

不如车轮式灵活，行进速度偏慢，但对地表形态要求低，无论是在崎岖不平、泥泞不堪的地面，还是在布满铁丝网等障碍物的地面行驶，都没有问题。而且履带比轮子更能分散给地面的压力，具有承载量更大的优势。

摩擦式

行进原理类似于雪橇。

气垫式

通过控制气垫内的充气量来调节摩擦力，从而获得理想的水上行驶速度。

蜗杆式（螺旋推进式）

巨大的螺纹圆柱体像一个浮筒，在水中可以增大浮力，适用于极端恶劣的环境。英国的“冰上挑战者”勘探队在穿越白令海峡的浮冰区时使用的“雪鸟6号”两用车船上就有这样的“浮筒”。

气垫船

气垫船其实就是气垫式水陆两用运载器，升力由气垫提供（鼓风机将空气压入船底形成气垫）。气垫船通常在水面行驶，也可在没有重大障碍（如雪、冰、沙）的陆地上行驶——看起来就像在贴地“飞行”。在民用领域，气垫船主要用于抢险救灾。当山洪或泥石流暴发时，普通车辆或船只都无法通行，直升机成本高且承载量有限，此时大型两用气垫船就可以大显身手，前往这些地区运送物资或救助灾民。

除此之外，还有人设想将自转旋翼机改造成既可以在陆地上行驶也可以低空飞行的两用运载工具以规避普通雷达的搜索，甚至有人在设计飞行摩托车——靠 4 台微型发动机实现空中飞行。两用运载工具的发展还在继续……

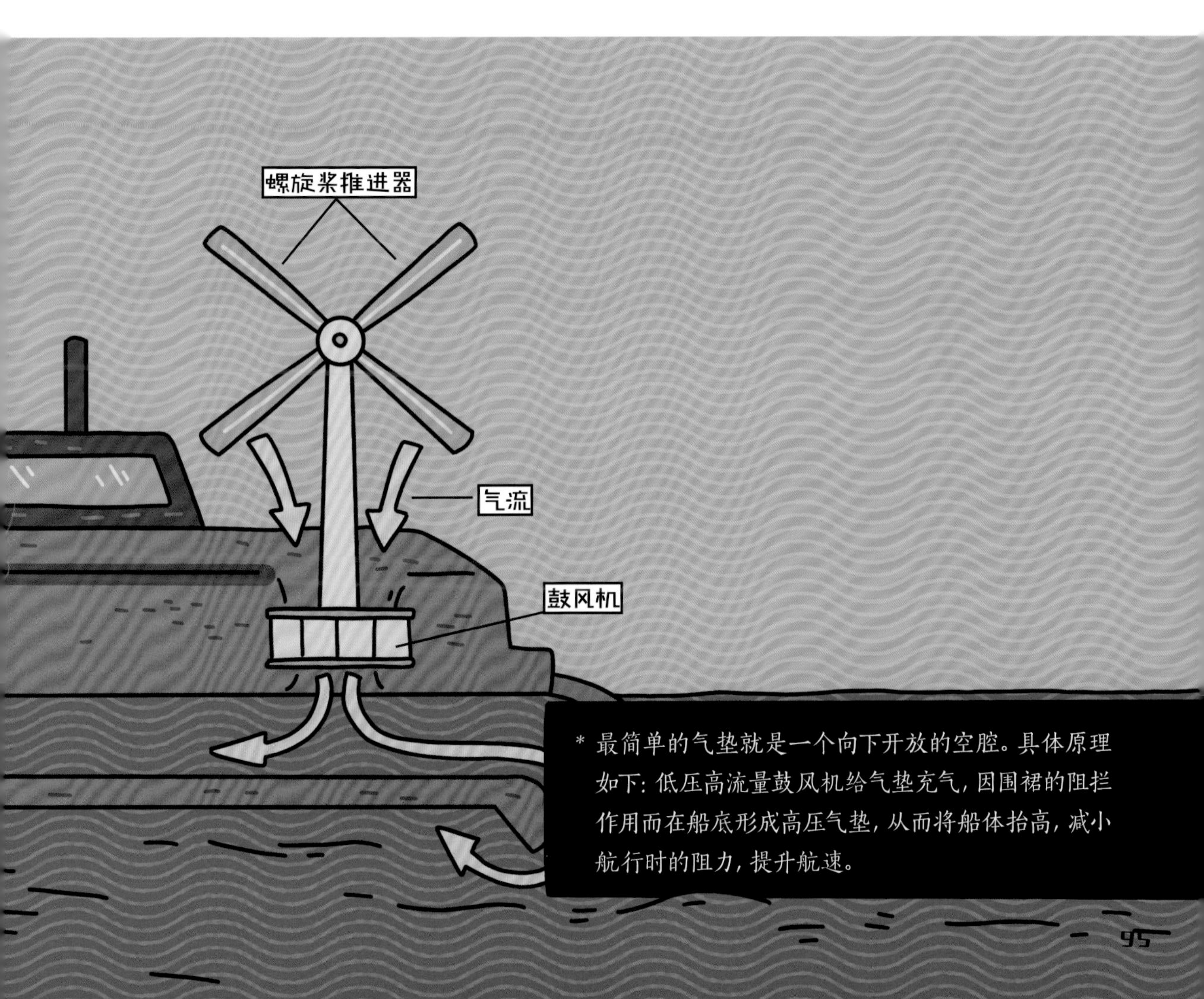

* 最简单的气垫就是一个向下开放的空腔。具体原理如下：低压高流量鼓风机给气垫充气，因围裙的阻拦作用而在船底形成高压气垫，从而将船体抬高，减小航行时的阻力，提升航速。

“氢”风徐来

19 世纪末，人类航空运输技术大发展。那时的科学家、工程师和企业家展开了一场氢气飞艇研发竞赛，但这场竞赛最终以 1937 年德国载客飞艇“兴登堡号”的爆炸宣告结束。此后，人类对氢动力技术的开发范围缩小——主要局限于航天火箭和航天器推进剂领域。直到氢燃料电池得到深度开发，人类才开始继续探索与利用更有潜力的可再生能源。人类的想象力在能源开发领域得到更大发挥。

● 氢燃料电池车

氢之所以被选为航天推进剂，是因为氢单位质量的能量密度远大于石油类燃料的能量密度。它还有一大优势，那就是零排放：它的燃烧产物是水，不会造成污染。随着技术的发展，氢燃料电池相继为一些载人航天器提供电力，产生的水还可供宇航员饮用。20 世纪 90 年代末至 21 世纪初，在全球变暖的大危机下，人类开始研发氢燃料电池车，具体操作如下：车后座全部拆除，装上液氢罐，氢和氧在燃料电池里发电并驱动电机，电机带动后轮驱动整部车。但由于电池造价高昂，加氢站等基础设施还不完善，氢燃料电池车还没有得到普及。

氢燃料电池车运行原理

空气由汽车前方进入燃料电池，空气中的氧和车上装载的氢在燃料电池中发生反应而发电，产生的电大部分用于驱动电机，小部分为车里的电子系统供电。氢燃料电池车前景尚不明朗，但氢燃料电池重量小、能量密度大的优势对大型车很有吸引力。

氢燃料电池

这种电池的基本原理是靠**氧化还原反应**产生电子定向流动。普通电池的反应物通常是电池内部的金属和氧化物，氢燃料电池的反应物则是来自电池外部的氢气和氧气。

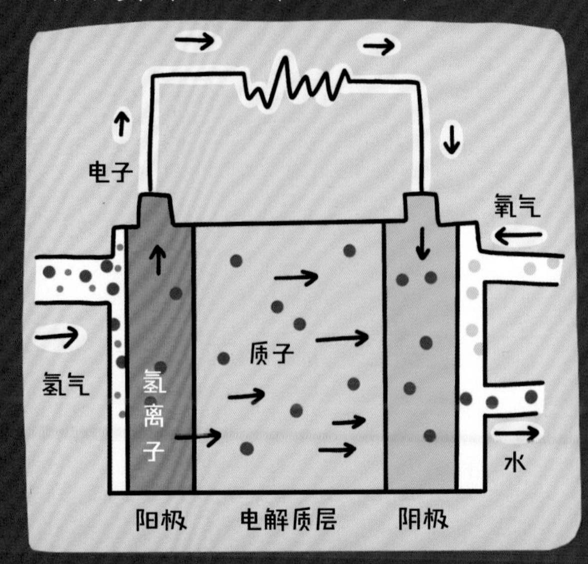

阳极、电解质层和阴极

- 从阳极进入的氢气被分解为氢离子和电子，氢离子穿过电解质层，向阴极方向运动，电子则通过接在阳极上的外部电路流向阴极。
- 从阴极输入的氧气与通过外部电路流向阴极的电子以及穿过电解质层的氢离子在催化剂的作用下结合，生成水。
- 电池中间有一层质子交换膜，它只允许带正电的离子穿过，所以电子只能流向外部电路。

无污染电池

氢燃料电池是一种把化学能持续转为电能的装置，依靠的是电子的有序移动，而不是氢气在氧气中剧烈燃烧。

氢动力航空梦

在“兴登堡号”发生空难80多年后，一架双头造型的氢动力飞机腾空而起，人类再次利用氢气飞上蓝天。当然，两者原理不同。“兴登堡号”飞艇利用氢气轻于空气的特性升空，而这架氢动力飞机升空的原理与氢燃料电池车的相似。不过，氢燃料不仅可以作为电池设备的动力源，也可能成为内燃机的动力源。人类一旦在这方面取得突破，氢动力民用飞机的发展就将成为可能。

燃料电池和电机

储氢罐

* 世界上第一架四座氢燃料电池飞机有两个驾驶舱，储氢罐置于驾驶舱后座，氢进入中间的燃料电池，产生电流驱动电机，电机再带动连接两个分体机身的螺旋桨。

氢动力轮船

在讨论环境污染问题的时候，很多人认为汽车应该承担主要责任。实际上，最大的污染源是轮船。由于约束较少，轮船（尤其是货轮）用的燃油质量不高，造成的污染超过陆地机动车的总和。随着环保意识的提高，越来越多的人认为未来的轮船也应携带氢气，通过氢动力驱动设备。

氢世界

氢燃料的安全性实际上要高于汽油，只是由于它的制备、运输、储存需要在高压环境下进行，不仅导致相关设备笨重、昂贵，还有泄漏风险。与以往相比，氢燃料的研发成本已经大幅降低，但解决问题的一大关键是实现大规模批量生产，而这在一定程度上取决于人们的消费观念、环保意识以及相关政策。前往航空、航天、航海、陆地交通全部采用氢气作为燃料的氢世界，任重道远，但值得期待！

附录 | 运载工具发展简史

- *1817* 年，德国人卡尔·冯德赖斯发明了自行车，这被认为是个人机械化运输工具出现的开端。

- *1839* 年，德国发明家莫里兹·雅可比发明了一种早期电动船，它长 *7.3* 米，速度为 *4.8* 千米 / 时，可载 *14* 人。

- *1853* 年，英国人乔治·凯利爵士制造了第一架载人无动力滑翔机并进行了飞行演示，这被认为是飞行机械学研究的开端。

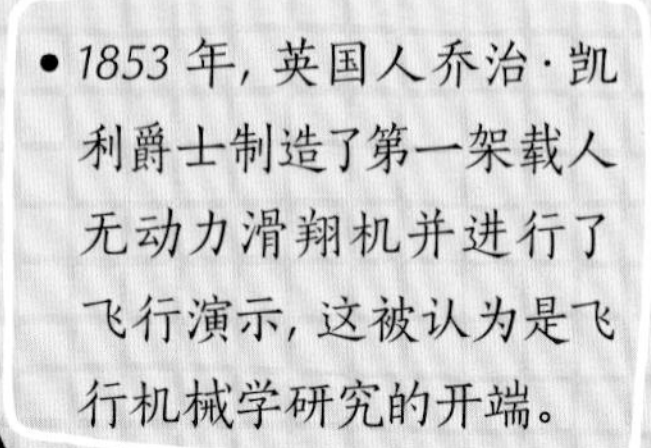

- *1825* 年，英国人乔治·斯蒂芬森发明的"旅行号"试车成功，这是第一辆在公共铁路上运行的客货运机车。

这下不会掉下去了。

- *1863* 年，世界上第一条地下铁路线——伦敦大都会铁路向公众开放。

- *1852* 年，美国工程师伊莱沙·奥的斯发明了电梯安全制动系统。

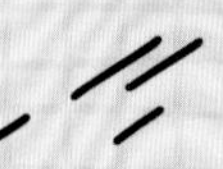

- *1885* 年，德国人卡尔·本茨发明了内燃机三轮汽车，它被认为是第一辆可实际使用的汽车。

- *1903* 年，美国的莱特兄弟驾驶有动力系统的飞机进行试飞，这被认为是现代飞机出现的开端。

- *1867* 年，法国人欧内斯特·米乔克斯在自行车上安装了一台蒸汽机，第一辆蒸汽动力摩托车诞生。

- *1896* 年，美国工程师杰斯·雷诺建造了第一部自动扶梯，它比直梯的运载效率更高。在奥的斯公司投入开发后，自动扶梯得到量产并被广泛应用。

- *1880* 年，德国电气工程师维尔纳·冯西门子建造了电动梯，这是第一部无须人力牵引即可升降的电梯，随后量产。

- *1899* 年，德国人费迪南德·冯齐柏林建造了第一艘飞艇，并在第二年进行试飞，这是人类首次驾驶气囊型飞行器。

- *1912* 年，世界上第一辆内燃机（柴油机）车在瑞士温特图尔—罗曼斯霍恩的铁路上投入运营，这标志着机车从蒸汽时代进入内燃机时代。

向新时代出发！

- 1939 年，第一架使用涡轮喷气发动机的飞机“海因克尔 He178”试飞，这标志着飞机的动力系统迈入喷气时代。

- 1954 年，第一艘核动力潜艇“鹦鹉螺号”下水，这标志着运载工具的系统从常规动力驱动向核动力驱动迈进。

- 1919 年，苏格兰发明家亚历山大·贝尔设计的水翼船“HD-4”下水，并创造了当时的航速世界纪录（114 千米/时）。

- 1969 年，世界上第一款宽体客机“波音 747”诞生，拥有 4 台发动机，最大载客量达 524 人。

- 1961 年，第一艘载人航天器“东方 1 号”搭载苏联宇航员尤里·加加林环绕地球一周，这是人类首次进入太空。

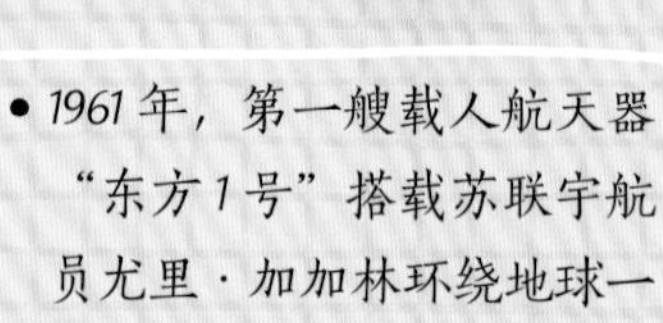

新干线

- 1926 年，美国物理学家罗伯特·戈达德发射了第一枚液体火箭，这次尝试被认为是航天领域推进飞行技术的开端。

- 1947 年，美国飞行员查克·叶格驾驶飞机“贝尔 X-1”第一次完成超声速载人飞行。

- 1964 年，第一条高速铁路“新干线”在日本建成，速度超过 200 千米/时，铁路运输从此进入高速时代。

- 1971 年，第一个近地轨道空间站“礼炮 1 号”由苏联发射升空，宇航员在太空停留和生活成为现实。

- 1984 年，第一辆磁悬浮列车在英国伯明翰开通，磁悬浮技术使列车得以和飞机展开中等距离（320～640 千米）竞速。

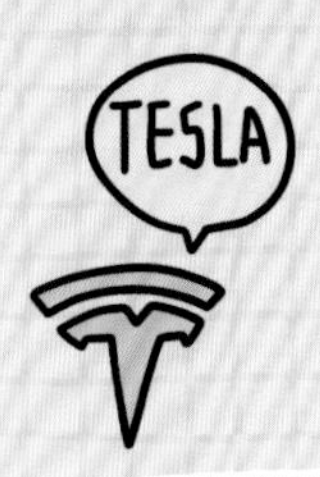

- 2008 年，特斯拉跑车成为第一辆采用锂电池的商用纯电动汽车，充满电后行驶里程可达 320 千米。

- 2016 年，首架氢燃料电池飞机在德国斯图加特起飞。

- 2018 年，首辆氢动力列车在德国下萨克森州投入运营。

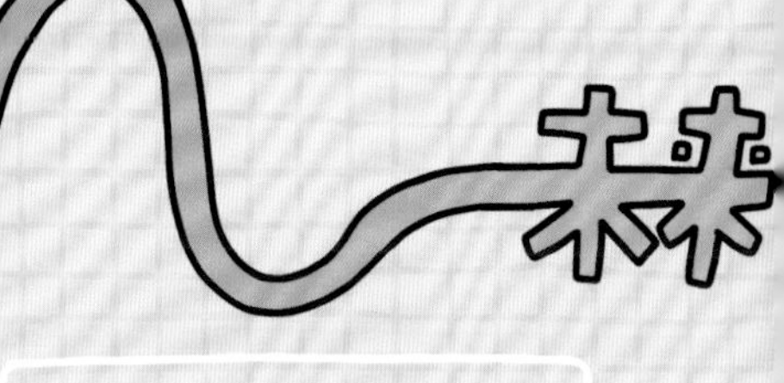

- 1981 年，美国航天飞机“哥伦比亚号”升空，这是第一艘可回收式低地球轨道航天器，为宇航员返回地球提供了新途径。

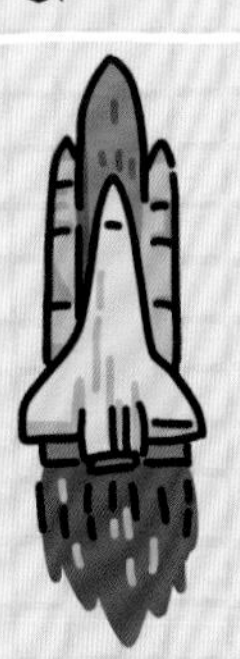

- 1997 年，第一款镍氢电池电动车问世，丰田普锐斯由此成为首批量产的混合动力车型，后来畅销全球。

- 2012 年，谷歌公司的自动驾驶汽车在美国内华达州上路测试，两年后正式问世。

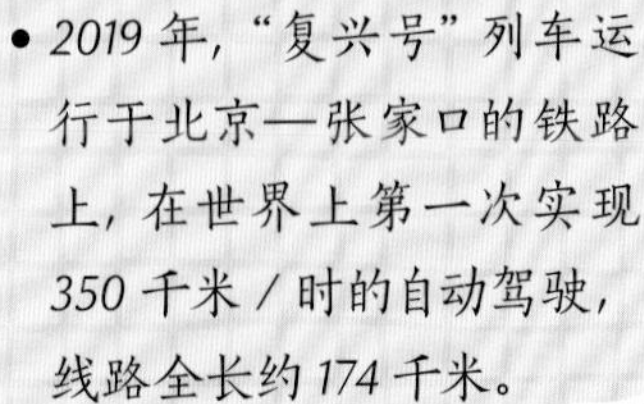

- 2019 年，“复兴号”列车运行于北京—张家口的铁路上，在世界上第一次实现 350 千米 / 时的自动驾驶，线路全长约 174 千米。

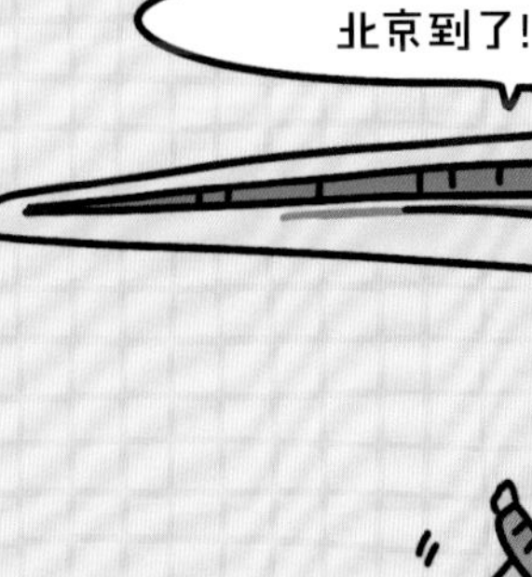

附录 | 名词解释

6 **做功** 当一个力作用在物体上，并使物体在力的方向上通过了一段距离，力学中就说这个力对物体做了功。做功的过程就是能量由一种形式转化为另一种形式的过程。（第 7 页的正确答案是 B。）

6 **机械能** 动能（物体由于运动而具有的能量）与势能（相互作用的物体由于所处的位置或弹性形变等而具有的能量）的总和，用来表示物体的运动状态与高度。

6 **牛顿第三定律** 相互作用的两个物体之间的作用力和反作用力总是大小相等，方向相反，并且在同一条直线上。牛顿第一定律又称“惯性定律”，牛顿第二定律又称“加速度定律”。

7 **功率** 用来描述做功快慢的物理量。所做的功一定，时间越短，功率越大。

9 **内燃机** 一种动力机械，多指往复活塞式内燃机，通过燃料在气缸内燃烧产生高温高压燃气来推动活塞做功，最终将动能输出并驱动机械。常见的内燃机有汽油机和柴油机。

9 **力矩** 表示力对物体产生转动效应的物理量，数值上等于力和力臂的乘积。对同一物体来说，力矩越大，转动状态就越容易改变，或者说转动效果就越好。

15 **传动比** 指机械传动系统中，两转动构件（如主动轮与从动轮）的转速比。

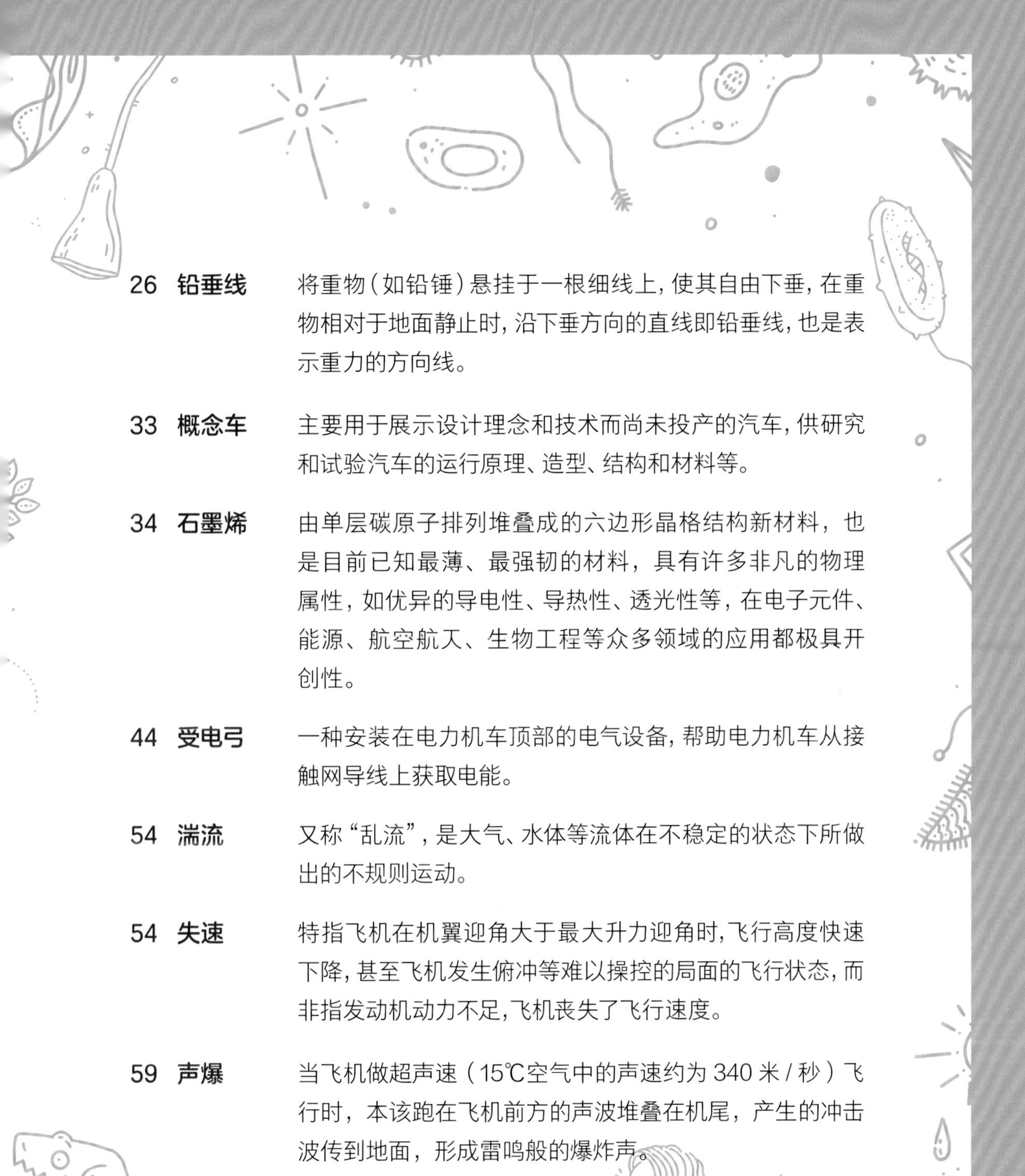

26 **铅垂线** 将重物（如铅锤）悬挂于一根细线上，使其自由下垂，在重物相对于地面静止时，沿下垂方向的直线即铅垂线，也是表示重力的方向线。

33 **概念车** 主要用于展示设计理念和技术而尚未投产的汽车，供研究和试验汽车的运行原理、造型、结构和材料等。

34 **石墨烯** 由单层碳原子排列堆叠成的六边形晶格结构新材料，也是目前已知最薄、最强韧的材料，具有许多非凡的物理属性，如优异的导电性、导热性、透光性等，在电子元件、能源、航空航天、生物工程等众多领域的应用都极具开创性。

44 **受电弓** 一种安装在电力机车顶部的电气设备，帮助电力机车从接触网导线上获取电能。

54 **湍流** 又称“乱流”，是大气、水体等流体在不稳定的状态下所做出的不规则运动。

54 **失速** 特指飞机在机翼迎角大于最大升力迎角时，飞行高度快速下降，甚至飞机发生俯冲等难以操控的局面的飞行状态，而非指发动机动力不足，飞机丧失了飞行速度。

59 **声爆** 当飞机做超声速（15℃空气中的声速约为 340 米 / 秒）飞行时，本该跑在飞机前方的声波堆叠在机尾，产生的冲击波传到地面，形成雷鸣般的爆炸声。

59	**负压**	通常指容器内气体的压力小于标准大气压的气体压力状态。由于大气无所不在，负压的应用非常广泛，如真空包装机、吸墨器、抽风机等。
60	**涡轮机**	利用气体、水体等流体冲击轮片转动而产生动力的发动机，广泛应用于发电、航空、航海领域。
60	**定子**	电机中固定的部分叫“定子”，由电机轴、变压器铁芯、电磁线圈等固定不动的零部件构成。
60	**转子**	电机中可以转动的部分叫“转子”，由电扇、传动轴等活动零部件构成。
68	**变轨**	一般指航天器在太空中改变原有轨迹飞行，具体说就是在两段轨道交点处调节飞行速度与角度，进入另一段轨道继续“借力”飞行。
70	**比冲**	即单位质量的推进剂所产生的冲量，是衡量燃料性能的重要指标。如果单位质量的燃料点燃后能以更快的速度喷出更大质量的物质，我们就认为这种燃料的推进性能更好、比冲更大。燃料比冲越大，航天器获得的速度增量就越多。
71	**氧化剂**	指具有氧化性（能与氧气发生剧烈反应），能氧化其他物质而自身被还原的物质。
71	**还原剂**	在化学反应中能还原（含氧物质被夺去氧）其他物质而自身被氧化的反应物。

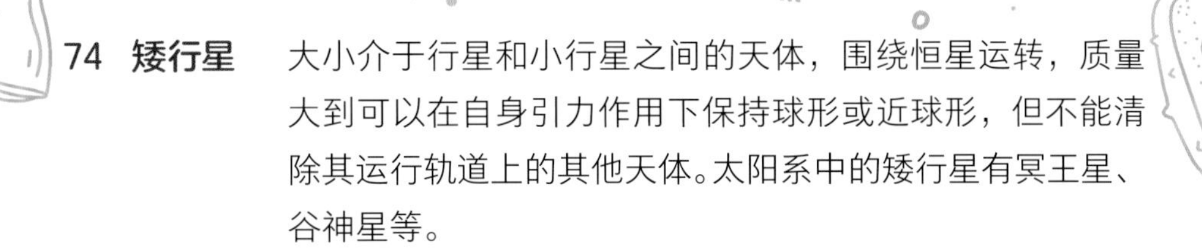

74 矮行星 大小介于行星和小行星之间的天体，围绕恒星运转，质量大到可以在自身引力作用下保持球形或近球形，但不能清除其运行轨道上的其他天体。太阳系中的矮行星有冥王星、谷神星等。

75 电离 物理上的电离指液体、气体的原子或分子受到粒子撞击、射线照射等而失去或得到电子变成离子的过程。失去电子后带正电的粒子叫“阳（正）离子”，得到电子后带负电的粒子叫“阴（负）离子”。

75 彗核 指彗星中心的固体部分，一般认为由气体、尘埃和冰粒构成。

77 霍尔效应 电磁效应的一种，因由美国物理学家霍尔发现而得名。

78 引力波 一种由质量运动产生的波，以引力辐射的形式传输能量——剧烈的爆炸或碰撞产生的“涟漪”在时空散播开，就像石头落入池塘激起波纹。

80 光子 即光量子，是构成光的粒子，具有一定的能量。光照射到物体上后会对物体表面施加光压。

91 风切变 一种大气现象，指风向、风速等在空中水平、垂直距离上的变化，会引发不可预料的气流运动，严重影响飞行安全。

97 氧化还原反应 一般情况下，化学反应中得到氧的反应是氧化反应（如铁生锈、煤燃烧），失去氧的反应是还原反应（如氧化铜和氢气在加热条件下发生反应生成铜和水）。